Tvi kiki

Dr. M M

好孕，做自己

從懷孕到生產，
烏烏醫師寫給你的快樂孕期指南

禾馨婦產科 **烏烏醫師** —— 著

高寶書版集團

推薦序
藉由孕產展開自我對話、學習更愛自己

諶淑婷（生育改革行動聯盟理事長、作家）

聽到親友「驗到兩條線」，你的第一反應是什麼？自從投入生育改革、生產教育的推行，我就無法反射性說出「恭喜」兩個字，這個秘密，我只告訴過烏烏醫師，因為她是我見過最能持平、理性看待懷孕、流產（無論是自然流產或人工）與生產的人，而且有無盡的同理心與耐心去理解診間的女性。

雖然我對她有許多讚美，但我對烏烏的第一印象並不太好，你們翻回封面就知道了，她看起來一點都不像醫師，還比較像個衝浪高手！我見過的婦產科醫師不是高冷形象就是溫柔如海，烏烏都不是，她更像一名熱情又積極的學生，不斷丟出各種資訊要找人討論，讀許多關於生育的新聞然後大發脾氣，比真正的孕產婦更不能忍受社會給的傳統束縛與壓力。現在，我覺得能認識她是一件幸運的事，讓我相信台灣生產環境真的在改變中——因為有這樣「非典型婦產科醫師」在為女性發聲。

本書延續烏烏上一本著作《無框身體》，持續對女性孕產過程中的身體察覺提出省思，並以強而有力的醫學知識作為支撐，打破孕產迷思絕不是任意妄為。

與其他婦產科醫師顯少主動提起「流產或不生產」的可能

性，本書對此毫無忌諱，大方提醒讀者「順利生產只是兩條線後其中的一種可能」，我一直認為這句話必須印製在驗孕棒上。懷孕真的是一件想被恭喜、應該被恭喜的事嗎？我不否認新生命的美好，但我們更應該去看到懷孕的主體及伴侶，是否處於合適孕育生命的狀態，很多時候不是「寶寶來找你」，而是「你忘了關上門」；也有可能是積極避孕卻還是懷孕，該如何評估是否生育，才是最真實的難題。

另一種狀況，是關於流產機率，無論婦產科診間或孕婦健康手冊，幾乎都避而不談，以至於流產女性被追究「妳到底做了什麼」、「為什麼保不住孩子」，即便孕期進入穩定階段，仍有許多孕婦擔心家中需要整修裝潢、搬遷、想剪髮、必須繼續工作等等狀況，是不是都有可能流產？如果我們不能從醫學、社會文化、傳統女性壓力去解放，那麼孕產過程甚至生產之後，胎兒與寶寶的各種狀況都會是女性心頭沈重的枷鎖而非甜蜜負擔。

不過這並不是指懷孕生產沒什麼，不！這確實是一件大事，也有很高的風險（比流產手術高很多），但正因為擔心和焦慮，所以我們更要好好學習、查詢正確資料，找到能尊重、同理的婦產科醫師，來一起度過這個人生重要階段。

這是一本不只談孕產的書，關照的也不只是女性而已，藉由思考孕產這件事，女性與伴侶、家庭成員，甚至是診間裡的醫師，也可以從這本書起步，展開自我對話、學習更愛自己，請記得，正在準備懷孕生產的女性，跟肚子裡的胎兒一樣重要。

推薦序
請相信懷孕女性有能力做出正確的選擇

楊貴智（法律白話文運動站長兼內容長）

　　烏烏醫師找我幫她推薦這本談懷孕的書，但讀者及粉絲殊不知我們是因為墮胎議題而結識。2021 年年初，我在我的 Podcast 節目《法客電台》嘗試談論優生保健法，但身為一名生理男性，所知有限，相關經驗更是全無，在友人的推薦下，邀請烏烏醫師上節目大聊與懷孕有關的議題。

　　結果話匣子剛開，烏烏醫師帶來的觀點及知識跌破我的眼鏡，我才發現，原來我對懷孕充滿迷思與錯誤。例如烏烏醫師提倡孕婦要上健身房重訓，甚至要多做深蹲硬舉，刷新了我的想法，因為在我過去的觀念裡，孕婦最好是能躺著就不要坐著，能坐著就不要站起來走路，重訓根本是天理不容的事情。

　　後來烏烏醫師多次來到我們節目，我們對談的主題雖然越來越多元，但萬變不離其宗，烏烏醫師非常堅持女性對自己身體的自主權，我不禁好奇了起來，在 21 世紀，到底還有誰會認為女性的身體不屬於自己的。但是遍覽我們的法律制度及社會文化，確實能夠察覺：自從懷孕的那一刻起，大家就不再認為女性有權利做自己。例如近來造成極大爭議的美國聯邦憲法法院最新判決（Dobbs v. Jackson Women's Health

Organization，多布斯訴傑克森女性健康組織案）不再承認人工流產為女性應受保障的人權，並將標誌性前案 Roe v. Wade（珞亦訴韋德案）予以推翻。

在討論的過程中，我問烏烏醫師：以現代醫學條件，如果懷孕婦女滿足一定條件，就能將胎兒生下來，那難道孕婦不該努力滿足條件，好讓胎兒健康來到這個世界上嗎？而孕婦又能基於什麼樣的理由，不讓胎兒來到這個世界上呢？

烏烏醫師反問：難道你覺得，懷孕是一趟風平浪靜的旅程嗎？每一位女性在懷孕過程中所經歷的身體變化，以及心理所需要面對的調適，都是非常個人且不足外人道的挑戰。親友乃至於社會及國家，到底憑什麼對著孕婦指指點點，要求孕婦這個該做、那個不該做。就是因為大家把懷孕想的太理所當然，以為只要不吃冰、少走動，保持身心寧靜，甚至多聽胎教音樂，寶寶就能健康生產，才導致許多女性陷入不必要的焦慮及憂鬱之中。

如果我們相信每一位懷孕的女性，都有能力做出正確的選擇，那我們就應該讓她們按照自己的身體、心理及經濟狀況做出最適合的判斷，並且不該再責難孕婦表現「不夠像孕婦該有的樣子」。

烏烏醫師在這本書中提供非常多實用的資訊，讓所有懷孕的女性都能做出正確的選擇，知識才能真正把身體自主權交還給女性，希望這本書能幫助你、妳。

Contents

Part 1
懷孕初期

Part 2
懷孕中期

Part 3
懷孕後期與生產

Contents

前言
孕婦，真的只需要過好自己的生活就夠了！

　　不管是在生活中還是診間，一驗到兩條線的女性，最常提出的問題就是：「懷孕了，要注意什麼嗎？」

　　「不用啊！基本上不菸不酒，沒什麼好需要特別注意的。想做什麼就做什麼、吃的玩的、跑的跳的都照舊！『做自己』就對了！」我通常會帥氣的這樣回答。

　　我相信有些人一定覺得，「做自己」這是什麼鼓舞女性的勵志口號嗎？太過時也太甜膩了吧！

　　但是你知道嗎？孕婦要做自己從來就不容易。

　　這幾年，我在社群、診間近身觀察發現，驗到兩條線、確認懷孕後，女性總是被質疑，行動也被限制，感受更是常常被否定。曾有一個孕婦就跟我說，那兩條線彷彿是一捆麻繩，至此被纏繞上「孕婦的標籤」，不再是自己了。

　　當妳開始吸不到氣、頭暈眼花、腰痛、骨盆痛、肚子痛、膝蓋痛，從頭到腳無論是否不舒服，所有人只會叫妳「多休息」，不管有沒有用，好像安胎臥床擺第一。

　　當妳興奮、期待、焦慮、憂鬱、易怒，孕期情緒本就如同

雲霄飛車，但只要妳稍微動怒，就會有人警告妳：「孕婦怎麼可以生氣，這樣對胎教不好，以後小孩出來妳就知道了！」

當妳因為體溫升高、熱得半死而想吃冰，或者食慾差、嘴巴苦想吃重口味，就可能被不相干的人問：「不是懷孕嗎？怎麼可以吃冰？」、「都懷孕了，先忍耐不吃不行嗎？怎麼這麼自私！」

以上這些出自善意的、有意的、無意的提醒警告和過度關心，都讓孕婦的自我漸漸模糊了，好像不管妳是誰，身份都「孕婦」這個角色吞沒，似乎也開始跟著自我懷疑，甚至遇上食衣住行大小事都要自問一句：「身為孕婦的我真的可以嗎？」

《好孕，做自己》這本書就是獻給妳們的，結合醫學實證、臨床經驗，以科學白話文的角度切入，希望能用最直接明瞭的文字帶孕婦破解各種孕期迷思，以知識和信念解放懷孕的妳。

當妳掌握孕期知識、了解孕期身心變化後，妳會重新相信自己的身體，妳會發現九成九以上的安胎都不必要，妳會了解胎教就是順著自己的感覺走，妳也會知道很多孕期的不適是可以靠運動、藥物緩解的，就是不需要「忍耐」。

更重要的是，妳會突然釋懷，胎兒也是獨立個體，孕婦過好自己的生活就是對胎兒最大的保護。所以，懷孕的妳一樣可以追星，聽妳最愛的演唱會，跟著大聲唱；懷孕的妳不管是鬼片還是刺激的動作片，一樣可以二刷、三刷配爆米花；懷孕的妳夏天可以喝冰水、冬天可以泡溫泉。妳的槓鈴可以照扛、舞照跳、泳照游，當然開心也可以大笑，生氣可以大罵。

妳仍然可以是研究生、職場強人、跑攤女王、運動健將，孕婦僅是妳眾多身份的其中之一。驗到兩條線的妳，還是妳自己。

這本從懷孕到生產的快樂孕期指南，不多著墨從醫療院所和媽媽手冊上能得知的細節，而是將關注帶回孕產婦的身上，也將孕期關懷的這條線拉得更遠，從流產談到產後哺乳、低潮憂鬱的心理狀態，彙整了一路走來許多孕婦們分享的身體經驗。希望妳能從其中共感，得到療癒，發現原來有人的懷孕經驗和我一樣，但也有人和我那麼不一樣，從多角度帶大家看見懷孕的各種可能，不需要預設立場、自我設限，打造對孕婦友善的環境。

　　當然，懷孕生產的旅程可能會有難以避免的小風波，偶爾也有驚濤駭浪，但希望透過本書的分享，讓大家理解疾病的不可抗與生命的無常，特殊的經驗只是提醒孕婦、產婦不用過度將責任往身上攬，把自我責怪、閒言閒語都放一旁吧。

　　請讓這本書與我陪妳一起安心快樂地乘風破浪，當一個不被限制、做自己好自在的孕婦。

　　好好懷孕，真的只需要過好自己的生活就夠了！

Part 1

懷孕初期

嗨，母親，妳是不是正學著適應身體裡
有另一個生命，一起面對外界的聲音。

驗到兩條線之後⋯⋯

　　首先說說，精卵結合後的 6-8 天，胚胎就會分泌人類絨毛膜促性腺激素（BHCG），因此不管胚胎正不正常、有沒有順利著床、著床在哪裡，只要胚胎成形，我們就可在尿液中偵測到 BHCG，也就是所謂「驗到兩條線」。因此即使月經還沒過，也可能驗到淡淡的第二條線，只不過一般我們都是建議女性月經過期再驗即可。

　　那，當妳看到兩條線，是什麼反應呢？是嚇得把試紙丟掉？還是興奮地和伴侶報告？是不計成本把所有牌子的驗孕產品搜刮來，重複檢驗，只為了確定結果正常；還是瞬間掉入情緒黑洞，考慮要繼續懷孕，或基於經濟因素、避孕失敗、感情破裂而想要終止妊娠？

　　當然也有人會立刻去醫療院所再驗一次，不過我得說，醫師使用的驗孕試紙就和坊間賣的一模一樣，並不會比較準。驗到兩條線，就是懷孕了！但順利生產確實只是兩條線後其中的一種可能。

　　胚胎健不健康、能不能順利著床、有沒有著床都要檢查了

才會知道，也和女性的一舉一動、食衣住行無關。再加上子宮外孕未必會有腹痛、出血等症狀，因此無論如何，前幾次的產檢一定要藉由超音波檢查確認胚胎著床位置，排除最危險的子宮外孕。

子宮外孕之所以危險，是因為隨著 0.1 公分的胚胎長大變成 2-3 公斤的胎兒，只有子宮如此有彈性的肌肉可以承受，假設胚胎著床在輸卵管、卵巢、腹腔，到了一定週數，勢必破裂造成內出血。

正常狀況下，卵子從卵巢排出後，輸卵管的觸手會將卵子從腹腔抓回輸卵管，若這個週期順利與精子在此結合後，胚胎會再移動到子宮腔內著床。這過程出了任何差錯，都可能使得胚胎著床在輸卵管、卵巢，或是腹腔。根據統計，藉由人工生殖技術受孕、輸卵管功能不佳阻塞發生的機率較高，當然也可能單純是運氣不好。

有人會問，現代醫療如此進步，有沒有方式可以移植胚胎回去正確的位置？我得說，目前沒有辦法，胚胎著床位置和胚胎健康與否一樣，無法靠外力改變。因此一旦發現子宮外孕，不管著床在哪，都只能藉由手術、化療藥物終止懷孕，避免內出血。

聊到這裡，你應該能理解，精卵結合、胚胎著床從來不是那麼容易的事。

預產期和你想的不一樣

談到確認懷孕，我們再來說說預產期。如果妳很常看婦產科，就會發現醫師最愛問的日期不是妳的生日，而是最後一次月經的第一天。因為醫師可藉由此日期判斷妳是否可能懷孕，若是懷孕預產期又是何時。

預產期是最後一次月經的第一天往後加 40 週，之所以不是用排卵日當基準，也不是同房日，是假定大家通常會忘記是哪天同房，因此統一使用月經週期第一天作為預估預產期的基準點。

但這樣的算法，只適用於月經週期 28 天的女性，週期較長的人，實際預產期會比推估得晚，反之則是比較早。因此看到胚胎心跳後，就得用胚胎大小校正預產期。因為懷孕 3 個月內胚胎發育速度沒有個體差異，胚胎的頭臀長度（公分）加上 6.5 就可以推估目前週數，假使和月經週期不符合，就會做調整。

不然錯誤的預產期可會讓孕婦一直覺得胎兒偏小、後續更換產檢醫師，也會無法正確評估胎兒生長曲線。

懷孕不能太早公布，真的嗎？

有些女性在懷孕前，就被告誡過：「千萬別太早公布，免得惹得胎神嫉妒不悅，增加流產風險。」我第一次聽到這個迷思，很想直接反駁：「神不都是無私大愛的嗎？哪有可能那麼小氣！」其實懷孕 3 個月內流產機率本就高達 20%，主要原因是胚胎本身不健康、自然萎縮，和是否公布懷孕、孕婦的食衣住行都無關。也就是說，會不會流產，並不是產婦、醫師所能決定。

不過也有人說，3 個月內不能說的迷思也有點道理，畢竟流產機率這麼高，公布後萬一有突發狀況，還得和大家解釋，乾脆晚一點再說。這個說法確實合情理，只不過也真切地反映出流產女性的雙重痛苦，一方面得承受負面情緒，二方面還要提起勇氣，跟其他人說明流產不是自己的錯。

那麼，懷孕到底有沒有最佳公布時間？當然還是孕婦說了算，有些人不愛被管東管西，怕長輩不准運動、飲食被限制，或是被嫌肚子小，就直接拖到懷孕中期，肚子藏不住了，自然而然公布懷孕。但我也遇過，有些人剛驗到懷孕，就馬上興奮拍照，在網路社群分享喜悅。其實何時公布都是個人選擇，我們只要記得，驗到兩條線後，本來就仍存在很多變數，不論最後結果如何，孕婦都不該被怪罪。

備不備孕有關係？

很很多人剛驗到兩條線時，會擔心孕前沒有養身體、也沒有備孕，就意外懷孕了，該怎麼辦？

其實，不管是「忘了帶保險套。」、「有吃避孕藥還是中了。」、「試太久放棄結果下個月生理期就沒來。」、「順其自然就懷孕了。」根據統計，沒備孕就懷孕的人根本就佔了一半以上！

首先要釐清，現代醫學並不存在養精卵的概念，吃再新穎的保健食品、再昂貴的仙丹都無法讓排出的精卵更健康，也就是說，關於胎兒正常與否這件事，我們可以做的實在也很少，身體心理做好準備再懷孕固然很好，但沒有準備也不代表胎兒就會比較不健康。

因此，我反而認為懷孕前最好的備孕，應該是好好釐清自己與伴侶、原生家庭的關係，多多自我對話、更愛自己。

不過，我可以理解很多人一旦發現懷孕之後，會有很多的擔心和疑慮，在此針對幾個大家常有的疑問提供解答：

◆ 懷孕前沒吃葉酸有關係嗎？

雖然研究顯示葉酸會降低胎兒神經管缺損的機率，但過去未曾有證據顯示孕前沒吃葉酸的孕婦生下神經管缺陷胎兒的比例較高。再加上近年台灣飲食條件也越來越好，孕前就要開始補充錠劑的必要性也減弱，因此懷孕了再開始也沒問題。當然多吃各種類的蔬菜永遠是正確的方向。

◆ 吃避孕藥還是懷孕了，胚胎會不會不健康？

其實不管是事前、事後避孕藥的效果都不是百分之百，尤其是事後避孕藥效果更差，所幸只要發現懷孕即刻停藥，短期接觸這些微量賀爾蒙並不會對胎兒造成影響。

◆ 懷孕前常喝酒、抽菸怎麼辦？

孕期最大禁忌就是抽菸、喝酒，不過講實在尼古丁、酒精對胎兒的壞處都是長期累積才會出現，因此在驗孕前喝到酒、吸到菸不用太緊張，一樣規則產檢即可。

◆ 發現懷孕前有用藥狀況，會影響嗎？

很多人會因為誤將懷孕初期的症狀視為感冒、鼻過敏、腸胃炎，因此吃了很多成藥，也有人腹脹而猛按肚子，更有人誤以為腸胃出大問題照了Ｘ光片，或在麻醉下接受了胃鏡、大腸鏡的檢查。

先說結論，這些藥物與處置對胚胎並不會有任何影響。

　　基本上藥局可買到的成藥只要不過量都很安全。一張Ｘ光片的輻射量低到可以忽略，要對胎兒造成影響要連續拍上好萬張以上才有可能。而且，胚胎著床不會受外力影響，因此胃鏡大腸鏡的灌氣、按壓肚子並不會把胚胎壓壞，更不會造成流產。至於麻醉藥物雖然會讓人睡著無痛，但並不會影響心臟跳動以及血液循環，胎兒不會因此沒有養分。所以要是有孕期非做不可的手術當然可以照常進行，好比割闌尾、割掉發炎的膽囊。

　　至於如果懷孕前就有慢性病長期在使用藥物，例如高血壓、糖尿病、自體免疫疾病（紅斑性狼瘡、乾燥症）、甲狀腺亢進低下、憂鬱症，也要和原本醫師討論換藥，千萬別自行停藥。

　　在眾多藥物中，最需要注意的就是口服Ａ酸。Ａ酸已被證實有強烈的致畸胎性，因此開立此藥物前醫師都會建議先驗孕，排除懷孕可能性，長期服用的女性也建議雙重避孕（避孕藥加保險套）。

懷孕初期不適，不只是抱著馬桶吐

　　很多人對於懷孕初期可能產生的不適的想像，就是孕吐。不過其實每個孕婦的個體差異很大，喘、頭暈、心悸、水腫、嗜睡、無力、體溫高、易流汗、燥熱……程度都不盡相同，對每個孕婦造成的影響也都不一樣，相同的是這些改變都是為了讓身體變得更適合新生命入住，打造一個對胎兒更安全的環境。

◆ 腸胃和嗅味覺

　　孕婦可能容易餓、容易飽、容易腹脹胃酸逆流，便秘但又討厭喝水，原本喜歡吃的食物都不愛了，往往只想吃特定食物（尤其是油炸、速食），更嚴重的是想到某種食物、看到餐廳招牌就會噁心想吐。這些絕非孕婦很難搞，而是黃體素在作祟，讓腸胃蠕動變差、嗅味覺改變。

　　此外，孕後的身體轉化肝醣成血糖的能力變差，孕婦對空腹的耐受度變更低，極容易肚子餓，所以低血糖的各種副作用，例如頭暈、冒冷汗、手抖特別明顯，這是因為身體要無所不用其極維持體內血糖穩定，確保胎兒隨時都有源源不絕的養分。

不過孕媽咪們倒也不用太擔心熱量不足、營養不均導致胚胎長不大，身體其實有源源不絕的脂肪可以燃燒，害喜與否和胚胎健康與否無關。等到初期的害喜風暴過去（通常是孕期第 4 個月之後），再來調整飲食即可。有部分孕婦在初期風平浪靜，胃口大開，這時反而要留意飲食的均衡，維持活動量。

◆ 易燥熱

為避免胚胎發育時受到熱傷害，孕婦會化身成超強散熱機，不僅對溫度敏感、容易燥熱流汗，體表溫度偶爾也可能會超過 37 度。所以孕婦們愛吃冰、嗑冰塊、穿少少真的不是故意的，而是生理需求。

◆ 呼吸系統

黃體素還會影響到孕婦的呼吸系統，因此很多女性剛懷孕就會發現「怎麼那麼容易喘！」、「以前小跑步很輕鬆，現在覺得快死了！」這些都是因為黃體素會改變身體對二氧化碳的耐受度，也會讓鼻黏膜變得腫脹，因此容易鼻塞。所以在胎兒變大、肚子明顯之前，很多孕媽咪就會覺得喘到不行，再加上新冠肺炎疫情影響，走到哪都得戴上口罩，氣喘吁吁的狀況也就更嚴重。

而且，隨著胎兒變大頂到橫隔膜，身體耗氧量增加，孕婦吸不到氣的感覺會越來越明顯，呼吸聲也會變得很大。很多女性甚至會擔心，這麼喘，寶寶會不會因此缺氧？可以安心的是，

喘、吸不到氣純屬感覺，正常狀況下，孕婦的血氧濃度不會低於 99%，胎兒也不可能因此窒息。

　　只不過，喘到接近窒息的感覺及不適，無法像其他不舒服的症狀可吃藥緩解，孕婦往往只能苦撐，因此懷孕前練好心肺功能，強化呼吸肌群非常重要。畢竟便秘可以吃軟便劑、孕吐可以打點滴、吃止吐藥，唯獨喘，醫師真的無法幫助呼吸啊！

◆ 心血管系統

　　為了養育一個新生命，懷孕後心血管系統也會有很多的變化。首先，為了讓血液更容易流到子宮滋養胎盤發育，周邊的血管阻力會下降（尤其是子宮動脈），血流量慢慢會從原來 4 公升增加成 6 公升，每分鐘的心跳也增加 10 下左右。因此很多人一懷孕就會發現，血壓的數值降到前所未有的低、心跳莫名加速，動作姿勢改變劇烈時還會頭暈目眩，坐著沒事也會忽然心悸不舒服。這樣的狀況還會隨著週數增加，子宮變大壓迫到下肢靜脈回流，變得更明顯。

　　我會建議孕婦日常生活避免久坐久站，1-2 個小時就要變化一下姿勢，改變姿勢時速度可放慢，萬一出現頭暈、眼前發黑的前兆，可立刻蹲坐下來，避免跌倒碰撞。

◆ 泌尿系統

　　懷孕後受到雌激素上升所影響，有些人會發現陰道出現乳白、水狀的分泌物，也可能因免疫力下降造成黴菌感染發炎。

先放心！這些感染並不會影響胎兒，建議勤換透氣內褲，避免使用有背膠的護墊相關產品。

另外，孕媽咪們也可能發現膀胱變得很難搞，明明頻尿，但去廁所又只有幾滴尿，也有人會無力尿不出來，這是因為子宮角度改變壓迫到膀胱所致。記得勤補充水分，不要憋尿以免泌尿道感染，還有，用力尿尿是不可能將胎兒擠出來的，請不用擔心胎兒而不敢用力喔！

除此之外，懷孕初期的賀爾蒙起伏也會讓孕婦四肢容易水腫、胸部脹痛、注意力渙散、嗜睡、無力，和經前症候群很類似。這麼多生理上的改變與不適極可能觸發孕婦煩躁、焦慮、易怒，當然工作和運動表現都可能會下降。就算出現「我怎麼淪落至此到底為何要懷孕啊！」、「早知道不要生小孩了。」這些想法，都不是自私，而是極為直覺的反應，真的不需要被譴責。不過矛盾的是，當這些症狀緩解，很多人馬上又會出現「沒有胎動，沒有感覺，寶寶真的存在嗎？」的擔憂。

孕婦就是如此矛盾卻又充滿力量的存在。

面對這些巨變，我建議孕婦最重要的就是讓自己舒服一點，不管是吃藥改善症狀、抱怨發洩、請假休息狂睡，旁人真的只要支持即可，無須給孕婦太多壓力限制，因為再強調一次，這些不適不會影響胎兒發育。孕婦只要照顧好自己，胎兒就可獲得周全的保護。更何況最在乎、最清楚該怎麼讓自己舒服又不影響胎兒的一定就是孕婦本人了。

烏烏跟你說

孕婦跌倒怎麼辦？

子宮是一塊強大有力的肌肉，搭配腹內壓，可提供胎兒很大的保護，不會那麼容易就受到外力影響。因此跌倒的狀況輕微的話，不會增加流產、早產的風險。所以真的不小心跌倒時，先觀察自己是否有外傷，陰道有沒有出血，或是水不斷流出來（羊水）。如果有，請立即就醫檢查，排除破水、胎盤剝離的狀況。

伴侶可以這麼做！

　　驗到兩條線，你還在震驚要成為爸爸時，其實你的另一半就已經因為初期賀爾蒙的劇變，出現相當多症狀。

　　「我都吐成這樣了，先生還在那邊喝酒吃鹽酥雞。」、「已經很喘走不動，先生還問我為何呼吸那麼大聲，一直催我走快一點，半夜胃食道逆流、頻尿失眠，一個翻身看到旁邊的男人打呼聲貫徹雲霄，真的是一把火。」、「為什麼同樣要成為父母，我得這麼不舒服，你還可以這麼爽！」這些來自另一半的抱怨，很熟悉對吧？我知道你看到這邊，可能會偷偷想：「就算我和太太一樣痛苦，太太也不會變舒服。」也會不懂為何自己天天惹伴侶生氣，怎麼做都不對！

　　懷孕初期伴侶之間正是因為這樣的「不同步」造成許多摩擦，這時正向溝通非常重要，大原則不變，關鍵第一步就是「傾聽」。放下先入為主的觀念，好好聽對方說話，理解伴侶的不適，即使你幫不上忙，簡單一句「我懂」、「辛苦了」，然後給予對方擁抱，對伴侶來說，都是一劑強心針。

　　當然，每對伴侶溝通的細節與習慣都不同，但踩雷惹怒對方的幾點倒是大同小異，以下有幾點我想特別提醒你：

　　一、不比較。例如「別人家的孕婦怎麼都不會像妳這樣！」這個完全是大地雷，每個孕婦的身心狀況都不同，況且別人家

的準爸爸也和你不一樣啊！

　　二、不強迫。懷孕初期，約莫有一半以上的孕婦會孕吐、食慾差，其實這時胚胎很小並不需要多餘的熱量，所以別太擔心，也再勉強伴侶一定吃東西！試想，如果你宿醉加上腸胃炎，有人在旁邊逼你吃東西，你是不是也會受不了？

　　三、不說教。受黃體素影響，孕婦肚子還沒變大時，就常會體力不濟、昏沈想睡，這時就別再碎碎念說：「妳現在不運動以後會很難生，育兒會沒體力！」這就跟你如果中暑或重感冒，全身昏昏沈沈，有人在旁邊逼你打起精神去運動一樣。所以無論有任何想法，建議還是要尊重孕婦的身體狀況喔。

孕期體重控制？過得健康一點就可以

　　不知道從什麼時候開始，「養胎不養肉」已經變成一句流行語，坊間也流傳著無數只胖胎兒、不胖媽媽的菜單、秘方，但真的可能嗎？

　　孕初期，很多孕婦擔心被長輩說肚子太小，到時出生體重不到 3000 公克該怎辦！導致就算胃口不好，還得勉強自己硬吞牛肉。相反的，胎兒到後期感覺長很快，很多孕婦又會因此不敢多吃，深怕胎兒太大得剖腹生產。

　　關於孕期應該怎麼吃、吃多少、如何控制孕婦體重跟胎兒大小的經驗談就是如此眾說紛紜，但除了不適合特殊的飲食法或是刻意減肥，基本上孕婦的飲食和孕前並無不同，不太需要刻意調整，只要維持孕前養成的良好習慣，例如均衡飲食、規律運動就可以了。此外，目標應著重健康促進，而非聚焦體重、體脂的數據，或者是嚴格規定什麼可以吃、什麼不能吃。而且，你知道嗎？胎兒體重其實和孕婦增加的體重不是正相關！

關於胎兒體重，胎盤功能才是關鍵

其實，除了父母基因以外，胎盤功能才是影響新生兒體重的關鍵。胎盤是附著在子宮上，吸收母體養分給胎兒的重要器官，也就是說胎盤功能如果持續很好，孕婦沒刻意多吃，寶寶體重仍可能偏大。反之，胎盤功能退化不佳時，孕婦再怎麼吃，胎兒體重可能很難增加。因此，當孕婦初期因孕吐、腸胃炎導致自己體重下降時，真的不用過度擔心胎兒，因為暫時的熱量缺口，可靠身體脂肪轉換成能量，胎兒真的不會「餓到」。而這幾年各大院所推廣的子癲前症篩檢，其實就是靠檢測子宮血流、胎盤生長因子及孕期血壓，預測孕期胎盤功能。

所以說，孕期增加的體重和新生兒出生體重未必是正相關，新生兒體重受胎盤功能、基因影響更大，就算孕婦體重沒增加，胎兒也不會長不大。再加上透過產檢超音波的追蹤，我們可得知胎兒是否符合生長曲線，真的也不用從外觀肚子大小來評估胎兒體重。更何況，孕婦肚子大小還會被本身身高、身型與是否有脹氣影響。

其實如果用心去理解胎兒生長曲線，就會知道孕婦這樣的身形變化實屬正常，胎兒大部分的體重也是最後 2 個月才快速上升（7 個月時約才 1200 公克），因此很多女性直到最後幾個月才被發現懷孕，和戲劇裡女性懷孕後很快變大肚婆有著極大的落差。

結論就是，孕婦短期少吃或多吃，根本無法「立即」影響到胎兒。

烏烏跟你說

子癲前症是什麼，篩檢重要嗎？

子癲前症的主要原因就是胎盤發育時，子宮動脈血管阻力居高不下，使得胎盤發育較差。懷孕初期，因為胎兒小隻，需求不大，看不出差異，但隨著週數增加，胎盤功能漸漸無法負擔，此時孕婦血壓會上升，來增加血液的供輸給胎兒，因此產生高血壓、蛋白尿等症狀。

過去對此疾病不了解時，醫師們只能坐等它發生。往往都是最後一個孕期，孕婦血壓忽然飆到快兩百，或是胎盤功能退化嚴重、胎兒體重生長停滯，才被診斷出來。而且，應對方式也只能提前生產。有時甚至可能因疾病進展太快，到院時已被發現胎死腹中。

不過，這10年來透過理解子癲前症，婦產科學界已發展出早期子癲前症檢測，透過測量子宮動脈血流、檢測血液中胎盤生長因子、量測孕婦血壓，可以在發病前找出95％子癲前症個案。如果是高風險，就表示到懷孕後期，胎盤功能可能會提前退化，這時醫師會更精準地在產檢過程中密切追蹤胎兒體重、胎盤功能、子宮血流，進而減少胎死腹中的狀況，並且建議孕婦開始服用阿斯匹靈、規律運動，改善子宮血流，提升胎盤功能。

養胎不養肉的菜單並不存在

除了吃多吃少，吃什麼對於很多準媽媽來說似乎也是很煩惱的問題，但目前也沒有研究顯示，改變食物種類就可改變熱量分配給孕婦或胎兒的比例。

訪間有所謂特殊菜單可保證「只養胎，不胖媽媽」，好比號稱「養胎聖品」的牛肉、酪梨，很多人雖強力推薦認為極有效，但也有人反應吃到膩了還是無效。這是因為胎兒最後一個月成長幅度本來就有極大的個體差異，如果胎盤功能已稍微退化，吃再多、再好，體重增加幅度也有限，又豈是孕婦多吃幾客牛排或少吃幾次麻辣鍋就能輕易改變得了的呢？根本無法驗證是受媽媽飲食所影響。

因此，孕婦不需要因單一次超音波預估體重落後，就拼命多補什麼；旁人也別再指責新生兒不到 3000 公克是媽媽不好好養胎了，因為養胎不養肉的神奇菜單根本不存在。

孕期體重需要管理？

既然如此，孕婦體重管理有必要嗎？其實我一直認為，孕前體重正常的孕婦，只要過得比一般人健康一點就夠了，並不需要那麼多「管理」與「限制」，而是需要更多的同理與支持。這並不表示孕期飲食和增加體重的多寡不重要，而是要再次澄

清，即使孕婦很努力了，也不可能精準控制胎兒體重。

各國的婦產科醫學會仍針對孕期體重增加給予不同身型的孕婦個別的建議（約 8-15 公斤）。這是因為體重增加太多可能會提高子癲前症、妊娠糖尿病、胎兒體重過重的風險，也可能造成日後肥胖而影響健康；太低則有可能導致胎兒體重過輕。孕期刻意製造熱量缺口、減脂減肥，也可能讓胎兒生長遲滯；不檢測不控制血糖，則容易讓胎兒變成巨嬰。至於不健康的飲食習慣，比如不吃菜、高油、高鹽、高糖，仍會讓孕婦累積更多體脂肪、更容易水腫，對長期健康當也會有影響。

因此我的理念一直是，希望女性能趁著孕期接受血糖篩檢、營養衛教，盡可能吸收健康飲食的觀念，將這些好習慣一起帶入生命下一階段。也就是說，孕期飲食應該是為了媽媽健康，而不是為了控制胎兒體重。

就我臨床觀察，只要孕婦在孕期稍微調整飲食，例如減少含糖飲料、少油炸、不攝取過量水果，維持一定活動量，不需要刻意計算熱量，體重幾乎都不會超標。

懷孕後先別刻意減重

講了那麼多，一定會有人問，那如果本來就體重過重，孕期透過特殊的飲食法減重可以嗎？

我在之前出版的《孕動・孕瘦》書中提過，不分孕前體重和懷孕週數，懷孕都不能「刻意」減重，更不適合採用特殊飲

食法。畢竟，孕婦的身體狀況就是要製造出一個寶寶，預留產生母乳所需能量，因此體內的合成賀爾蒙會上升、血糖起伏大。刻意製造熱量赤字、偏廢單一營養素，很可能導致微量元素不足、產生酮體，或造成低血糖。所以即使體重過重，孕期還是不適合繼續減肥，但為了降低孕期併發症風險（早產、子癲前症），體重過重（BMI>30）的媽媽把焦點放在控制體重於範圍內就可以了（5-9公斤）。

　　也就是說，原本為了減重建立的飲食、運動習慣，並不需要全盤放棄，只要根據懷孕時生理變化做調整即可。

　　不過要特別強調，如果本來採用的飲食法較為特殊，就不適合。好比前陣子很流行的生酮飲食，因極端嚴格限制碳水化合物，可能會使孕婦無法均衡攝取營養素，例如沒有足夠蔬菜水果，會造成纖維素、葉酸、維生素C不足；不喝牛奶，易導致缺乏鈣質等。更重要的是，極低碳所產生的酮體有傷害胎兒腦部的疑慮，因此我會建議孕期碳水化合物至少要佔40%的熱量來源，也可以全穀雜糧為主。

　　另外，當紅的168斷食法也不適合，因為孕婦葡萄糖利用效率較差，空腹過久容易引發低血糖症狀（頭暈、手抖無力），且孕期腸胃蠕動變慢，若把一日所需的熱量分配在兩餐，也容易導致腸胃不適。

　　所以，建議體重過重的孕婦，採用跟一般人相同的健康飲食原則即可，例如：少精緻澱粉、攝取充足的優質蛋白質（60

公克）、多吃蔬菜。假設孕前有在控制總熱量，則以進出平衡為主，不宜刻意製造熱量赤字、當然也不用拼命多吃。若沒有計算熱量的習慣也無妨，只要大幅減少甜點、含糖飲料、油炸類食物及過多水果攝取（一天兩個拳頭），盡可能以原型食物為熱量來源，一樣可將體重控制在理想範圍內。

「孕」動不用停

除了飲食，想要在孕期控制體重，保持活動量也很重要，只要沒有出血、劇烈腹痛，運動都不需要停。近年來也有研究，孕期規律的運動可穩定血糖、降低早產的風險。考量到體力負荷，孕婦運動應該積少成多、求持久，可從快走開始，目標放在每週 7 天，每日走 30 分鐘，也可搭配游泳、水中體適能等對關節負荷較小的運動。

至於波比跳、跳繩等動作，雖號稱燃脂效率高，但相對易造成膝蓋負擔，增加跌倒風險，我會建議以穩定模式的肌力訓練代替，比如：深蹲、划船、硬舉。

要提醒的是，前面已經提過，肥胖本身的確會增加孕期併發症之風險，比如子癲前症、妊娠糖尿病，而且也會讓孕婦到懷孕後期因身體負荷較大容易喘、膝蓋不適、行動緩慢。不過，並不需要為了胎兒健康先「瘦」下來再考慮懷孕，更不用在懷孕初期採取特殊飲食法減重，藉由健康習慣的維持和定期產檢

（子癲前症篩檢、糖尿病檢測），我們仍可將這些併發症的風險大幅降低。

最後還要補充一點，雖然新生兒平均出生體重是 3000 公克，但這不表示超過此數字就不能自然生，畢竟生產的因素那麼多，我個人就接生過許多超過 4000 公克的孩子。當然不到這個數字，也不代表寶寶不健康，更不是媽媽不會養喔！

烏烏跟你說

大家都說高齡懷孕風險高，那還可以運動嗎？

可以。運動並不會增加高齡懷孕的風險，一樣可以繼續運動，甚至更需要認真運動。

大家都說高齡懷孕比較不穩定，容易流產，主要是因為卵子的品質會隨年齡下降，胚胎萎縮、胚胎染色體異常的機率在35歲後會明顯提高，因此早期流產的機率也就跟著上升，40歲時甚至高達40%。但目前沒有任何研究顯示孕期運動會造成胚胎發育不良，也沒證據顯示和早期流產有關。也就是說，假設今天胚胎不正常、發育不良，即使臥床安胎最終仍會流產，運不運動並不會改變結果。

但高齡產婦更應該運動，是因為隨著年紀變大，各種孕期併發症機率也會變高，比如：妊娠糖尿病、高血壓、子癲前症以及胎盤功能不良等疾病，要降低這些疾病的風險，除了少鹽、少加工食品的健康飲食以外，最重要的就是規律的運動。懷孕初期運動可促進血液循環，改善胎盤功能；中後期可幫助穩定血糖，降低早產的風險，保持規律的運動習慣也有助於維持體能，讓高齡媽媽更有信心和體能去面對生產的各種狀況。

另外，高齡生產會稍微增加產後血栓的風險，因此隨著高齡生育的比例越來越高，產後血栓而危及性命、甚至死亡的個案也逐年提升，為了避免產後血栓的發生，不論自然產、剖腹

產，術後都應盡速下床活動，避免臥床時間過久。而產後恢復正常生活的關鍵其實是產前就開始持續運動！

綜合以上，只要沒有出血、劇烈腹痛，或任何早產跡象，高齡孕婦不僅「可以」運動，而是更「應該」運動。運動的原則和一般孕婦並無不同，可從自己熟悉的項目開始，循序漸進納入有氧（快走、游泳、飛輪等）和肌力訓練，以每週 150 分鐘為目標，持續訓練到生產前。

早期出血別太擔心！

　　直接體感不採精密統計，懷孕 3 個月內孕婦社團、急診、門診最常見的發問肯定是：「懷孕了怎麼還會出血？」、「出血是不是寶寶怎麼了！」

　　先說結論，孕期出血是極為常見的狀況，所幸只有少部分是流產、早產的先兆，大多也不會影響胎兒。

著床性出血很常見

　　其實子宮腔本來就很多血管滋養子宮內膜，隨著賀爾蒙起伏，若沒受孕，就會跟著內膜一起剝落變成月經。懷孕後為了讓胚胎順利著床、胎盤發育，子宮內的血流又會變得比懷孕後更旺盛。因此胚胎著床的過程，就像插秧般會有泥土鬆動（血管破裂），造成所謂「著床性出血」。

　　所以，有些女性驗到兩條線後，就持續擦到粉紅色分泌物；也有人超音波檢查胚胎著床位置正常，仍持續有咖啡色出血滴答好幾週，偶爾還會掉出血塊。

　　不過，出血與否和血量的多寡，端看胚胎著床附近的血管

旺盛程度，沒有出血不代表胚胎長不好，有出血也不表示胚胎會萎縮。也就是說，我們無法從有沒有出血去判斷胚胎健康與否，還是得靠超音波追蹤。一般來說，胚胎著床後的 2-3 週，就會看到閃爍的心跳。

這種早期出血雖然超級常見，但還是會讓人擔心焦慮不已，主要是因為懷孕週數還小，沒有胎動，不看超音波根本無法知道胚胎還在不在，出血多時真的會誤以為是流產。再加上陰道大量出血確實是早期流產的表現之一，因此早期有出血立刻掛急診就醫，絕非過度緊張，而是人之常情。

但我還是要強調，針對早期出血醫療能介入的極少，也就是說，就算出血當下沒辦法馬上就醫也別自我責怪，這並沒有延誤就醫的疑慮。

至於早期出血最常使用的黃體素，其實也只對黃體素確實缺乏的極少數人有用，對其他人而言是安慰成分大於實質作用。即便臥床休息也無法減少出血，或是避免流產發生。

因此我會建議，面對早期出血狀態，盡量保持平常心，正常生活即可，如果去外面走一走能讓孕婦放鬆，又有何不可？相反的，如果躺床休息睡覺可以避免不安，那也很好。總而言之，早期出血或甚至流產都絕對不是孕婦休息不夠或運動量大所造成，也不是因為做錯或是沒做任何事情！

別緊張！這類狀況也可能造成出血

　　而且除了子宮腔內，懷孕後子宮頸表面的微血管也會變多，又受到鬆弛素影響，容易破裂。因此孕期做抹片、用力排便、活動量增加、性行為等等，都可能因輕輕摩擦到就導致血管破裂而流血。這類狀況通常是點狀出血，量不多，不用治療就會停止，更不會影響到寶寶。

　　另外，受到雌激素上升所影響，孕婦的子宮頸口容易長出息肉，息肉惡性病變的機率微乎其微，但卻非常容易因摩擦而出血，且出血量也比微血管破裂多上許多。過去我專責看產科急診時，偶爾會遇到出血量超大的孕婦，光是看那個出血量，都以為一定是流產了，正思考該如何安慰他們時，內診就發現其實不是子宮腔內出血，而是息肉在作怪，直接摘除（無須麻醉，也不太痛）就沒事了！

　　講這些當然不是要各位準媽媽自己當醫師、自我診斷，畢竟該看醫師還是得看。而是想讓大家別太擔心孕期出血，尤其是早期出血，因為實在太常見，通常也不會影響懷孕。

　　如果出血是來自子宮頸變短或是胎盤剝離，那才是相對嚴重的狀況，我們在下一章懷孕中期再繼續來談這兩個問題。

正視孕期三大負面情緒：
生氣、焦慮、憂鬱

「孕婦生氣罵人是不是對胎教不好？」

「懷孕情緒激動，會不會動胎氣，導致流產、早產？」

「疫情起伏實在好焦慮，這樣會影響胎兒嗎？」

一直以來在診間我很常被媽媽問到這些孕期情緒「管理」的問題，每次聽到，我都會覺得很心疼又荒謬。但上網一查才發現，真的不少衛教文章指出懷孕時常哭泣、焦慮、憂鬱或生氣，以後小孩會很難帶、好動，無法睡過夜，甚至毫無根據的指出媽媽孕期情緒失調，會影響胎兒日後的心智發展，導致胎兒畸型。

就連今年國健署新出版的媽媽手冊，也建議孕婦「隨時」保持心情愉快，避免影響胎兒？

我有時候真想替孕婦們白眼一翻咒罵一句，可以開心誰想難過，如果伴侶不那麼白目，路人意見不要那麼多，孕媽咪需要生氣罵人嗎？

孕婦情緒才不會影響胎兒

言歸正傳，無理要求孕婦管理情緒的說法當然不正確。

首先，胎兒器官發育不正常多半是染色體、基因或細胞分化出錯的緣故。這些實屬分子生物、基因學的範疇，和人的七情六慾毫不相干。另外也沒有任何證據顯示媽媽在孕期的負面情緒會影響胎兒日後的個性。更何況，新生兒也會哭、也會生氣，也有各種情緒不是嗎？

至於小孩好不好帶？我認為得先澄清一件事，新生兒本來就極難睡過夜，睡眠時間很片段、很容易被吵醒，這是因為新生兒的呼吸中樞尚未成熟，淺眠是一種保護機制，可以避免嬰兒猝死症候群，再加上餵奶、換尿布，新手爸媽徹夜未眠、人仰馬翻實屬常態，絕非影視戲劇中所呈現的寶寶都是天使，按時睡覺、按時拉屎、乖乖吸奶。

再加上懷孕後得多煩惱的事情是如此多，身形改變、工作影響、擔心胎兒的健康。尤其現在網路資訊太多，說法不一，有些廠商或平台，為了賣產品，刺激流量，刻意強化胎兒異常或是高危險妊娠的個案，媽媽幾乎沒有不焦慮的，因此「產前焦慮」和「新生兒難帶」根本就是常態，兩者毫無科學證據顯示有因果相關。

另外，現代醫學並沒有胎氣的說法。早期流產最常見的原因是胚胎萎縮不正常、自體免疫疾病以及黃體功能不足，和女性的情緒無關。會有這樣的聯想可能是因為有些人受言語刺

激、生氣哭泣後，引發腹部疼痛不適，但這種反應是因為情緒起伏影響心跳血壓，造成子宮血流改變引發的生理性宮縮，或是哭泣時牽扯到腹部肌肉產生疼痛，這些症狀只要等情緒緩和休息後就會改善，不會影響胚胎著床，不會造成流產，當然也不會增加早產風險。

因此，談孕婦情緒，我認為應該回歸孕婦本身，而不只是「擔心造成胎兒影響」。因為就和所有人一樣，孕婦的負面情緒不應該被否定，而是要被正視、理解、釐清，進而找到發洩的管道，想哭就哭、想笑就笑，並不必為了肚子中的孩子拼命壓抑。

而孕期最常見的三大負面情緒：生氣、焦慮、憂鬱，我們或許可以用以下方式面對。

生氣時，把怒氣當成溝通的動力

孕期生氣主要原因，常常來自外人對孕婦身體不適的不理解，以及不科學地給予日常生活的各種限制。

那麼孕媽咪們可以怎麼做？

先告訴自己，生氣不會動胎氣，獲取知識後我們可以把怒氣當作理性溝通、教育他人的動力。

比如伴侶要是說：我看隔壁阿花吐到 3 個月就不吐了，妳怎麼這麼奇怪，只想吐都不吃，胎兒會不會長不大？

　　妳可以這樣回：每個孕婦孕吐多久不盡相同，有人吐到生，也有人完全沒吐過，請你不要拿我和別的孕婦比較。我不是故意不吃，而是一吃就想吐，更何況胎兒的大小和媽媽體重增加並無關聯，你這樣說只是徒增我壓力罷了！

　　又比如便利商店店員問：懷孕可以喝冰飲嗎？這樣不會傷子宮、讓小孩氣喘嗎？

　　妳可以這樣回：新生兒健康受先天遺傳和後天環境影響，和孕婦的飲食毫無關聯，再來孕婦因黃體素的關係本來就會怕熱，喝冰不是我自私，而是生理需求。喔！還有人是恆溫的，子宮很強壯不會因為飲料改變溫度。

焦慮時，找到信任的資訊來源

　　孕期焦慮的來源很多，其中最大宗應該是擔心胎兒健康，外界又有各種雜亂的資訊，讓孕婦面對醫療決策時無所適從。好比 Covid-19 疫苗，即使科學證據顯示孕婦施打疫苗並不會影響胎兒發育，不分孕期都會建議孕婦盡早施打疫苗。但孕婦考量的不只自己，還要考量胎兒健康，一方面擔心施打後的副作用會影響胎兒，另一方面又擔心不施打無法產生抗體保護胎兒，一旦染疫後重症比例又會比較高。而最後不管決定為何，都得承受外界數不清的質疑：「妳要打疫苗喔！會不會影響胎兒？」、「妳不打嗎？這樣一旦染疫，小孩怎麼辦？」

　　再加上醫師觀點不一致，有人認為時間到就快點打，也有

人認為既然早期流產比例高,那何不延到懷孕滿 4 個月再施打,造成許多孕婦到了施打站被勸退的窘境。這些內外交迫的焦慮,當然不限於「疫苗」,舉凡該不該洗牙、羊膜穿刺做不做、自然生還是剖腹、催生好不好,每一題都讓孕婦們焦慮不已。

那麼孕媽咪們可以怎麼做?

首先要找到信任的資訊來源,也就是讓妳安心,又能讓妳「問到飽」且講妳「聽得懂」的語言的產檢醫師。相反的,如果選定的醫師不合適,讓妳不敢發問,遇到疑惑時只能上網查資訊或私訊醫師粉專,往往會得到片面、不盡相同的答案,而徒增焦慮。

舉例來說,常有孕婦在懷孕中後期常會感到腹痛,在門診詢問我是否正常,我評估子宮頸正常後,會解釋這時拉扯的疼痛是子宮肌肉撐大的正常現象,和早產無關,如果孕婦充分理解,當看到藝人早產新聞時,就不會過度將事件連結到自己身上,增加焦慮。

不過,我還是要強調,不管是流產、早產、胎兒生長發育或智力,隔著肚皮的孕婦和醫師可以掌控的事情遠比大眾想得少,因此我會建議妳們,多把一些注意力放在自己身上,不需太關注寶寶,開玩笑說一句白目的話:不理他,寶寶也會長大。畢竟當了孕婦的妳,還是妳自己,不需要把生活全部的焦點都放在關注胎兒身上。

憂鬱時，請記得情緒起伏很正常

我常覺得會講「懷孕是喜事，孕期的各種不舒服是害喜」的人，一定是誤會了什麼！就我觀察，懷孕實在太多事情值得憂鬱，例如：體力下滑，讓日常大小事力不從心；注意力不集中，使工作表現變差；被胎動吵到失眠，半夜又頻尿；體型改變，對自己變得很沒自信；當然更可能只因為天氣不好，沒有藍天，看到幾片落葉，而賀爾蒙的微小波動，就讓孕婦悲從中來。透過前面的內容，相信妳已經理解孕期出現的改變非常多，每個女人都不同，所以妳並不奇怪也沒有做錯事，當然也完全有憂鬱的權力！

那麼孕媽咪們可以怎麼做？

先告訴自己懷孕情緒起伏較大很正常，然後可以做點讓自己開心的事，好比泡一杯茶、沖一杯咖啡（是的，懷孕可以喝茶也可以喝咖啡），或者去跑跑步、打個拳、逛逛街，也可以和能同理自己的朋友哭訴，讓情緒流動過去。

最後要提醒，就跟所有的人一樣，如果心情持續低落、失眠，甚至出現自殺傾向，懷疑是嚴重的產前憂鬱症，還是要尋求精神科醫師和心理師的協助。

聽古典樂、和寶寶說話？
胎教其實和你想的不一樣

不久前，朋友分享了韓國藝人劉在錫的粉絲頁給我，開心地和我說「胎教原來毫無根據」，表示她終於卸下心中一顆石頭。因為每次她的兒子胡鬧不聽話時，她總會懷疑是自己孕期不聽古典樂，也從不對胎兒說話，沒做好胎教才會導致兒子調皮難帶。

媽媽的愛樂，就是最棒的胎教音樂

我這才發現「做好胎教」竟也是媽媽的壓力來源之一，瀏覽一下網路竟然真的有許多文章指出，懷孕聽莫札特新生兒會比較聰明。但我仔細搜尋相關文獻後才發現，也有很多研究呈現相反的結果，且這類型研究根本無法排除遺傳（爸媽智商）及後天教養等因素，再加上胎兒 5 個月時雖已發展出聽力，但隔著羊水、肚皮根本很難聽清楚旋律，媽媽真的不需要為此聽自己不愛的音樂。

所以，妳情緒嗨的時候可以聽重金屬搖滾樂，想要痛哭時

能聽悲傷情歌，當然也能聽聽古典樂送走焦慮心情！我認為孕婦喜歡，又能讓媽媽藉旋律發洩情的音樂，就是最棒的胎教音樂。

參與＋陪伴，胎教不設限

另外，很多人認為和胎兒說話也是常見的胎教，有人是不斷和寶寶強調爸媽的愛意，有人會在產檢前和寶寶「耳提面命」要配合檢查把臉露出來，甚至有媽媽會拍打肚皮，請小孩不要再拳打腳踢，放她一馬。

但若妳真的很忙沒時間和胎兒說話，或單純認為對著肚子說話很尷尬也別內疚，因為寶寶在肚子裡本來就能感受到媽媽的心跳，又有羊水子宮溫暖的包覆，未必得靠外在聲音才會有安全感，新生兒調皮與否也與此無關。這些甜蜜溫馨的親子互動不該變成媽媽的壓力。

而對沒有懷孕的伴侶來說，透過和寶寶說話，是其中一種提醒自己即將為人父母的方法。當然每個人偏好的方式不同，沒有好壞之分。有人是在產檢時透過超音波感受到胎兒存在，有人是積極陪同太太參與各種生產準備課程。也有爸爸和我說陪太太逛嬰兒用品店很有趣，一起討論要買哪台嬰兒床，看到喜歡的玩具還會幻想未來要和兒子一起玩。其實只要伴侶積極參與懷孕生產的過程，就是最棒的胎教，不是嗎？

　　回到最開頭，我相信那位韓國醫師和我一樣，並不是反對胎教，而是反對社會總習慣把將新生兒的狀況怪罪到孕期間的一言一行，把最單純的母嬰連結變成捆綁著媽媽的枷鎖。

　　其實，孕婦真的只要做自己喜歡的事就夠了！

孕婦禁忌多，到底可以還是不可以？

　　什麼可以吃、什麼不能吃，什麼可以做、什麼不能做，關於孕期中的禁忌與限制，就像重重的網把孕婦困住了，大概三天三夜也解釋不完。這一篇，將近期診間最常被詢問、大家也最有疑慮的困惑整理出來，希望孕媽咪們看了，面對質疑時可以不再過度焦慮！

◈ 可以泡溫泉嗎？

　　可以。過去以為浸泡高溫度水會對胎兒造成傷害，但其實這是不科學的擔憂。因為人是恆溫的動物，核心體溫不會輕易被改變，更何況比起一般人，孕婦維持體溫的能力更好，因此這幾年連日本溫泉法都已修訂，孕婦可以安心泡湯，記得補充水分，注意上下池別跌倒即可。

◈ 可以打疫苗嗎？

　　要看疫苗原理及施打目的。

　　如果是活菌減毒疫苗（德國麻疹疫苗、水痘疫苗），因減毒的病原體仍可能感染胎兒，因此不適合在孕期施打，安全起

見施打上述疫苗後，建議先避孕 1 個月，再備孕。不過若意外懷孕，只要規則產檢即可，不需為此引產。目前也沒有任何新生兒因媽媽在孕期施打德國麻疹、水痘疫苗而有異常。

除了減毒疫苗外，其他原理的疫苗就沒有顧慮，只不過打疫苗畢竟有副作用，因此沒有時效性、必要性也不高的疫苗，會建議產後再打。例如，打完人類乳突疫苗才發現懷孕，不用太緊張，剩餘的劑量也可延到產後再打。

至於預防急性傳染病的疫苗，從過去的流感疫苗到 Covid-19 疫苗，孕婦都比一般人更該打（備孕、產後哺乳當然也可施打）。因為孕婦染病機率、重症比例高，也可能因此增加早產機率。因此在流行季節施打，絕對是利大於弊。

最近也不少孕婦會詢問，Covid-19 疫苗品牌怎麼選？建議以 mRNA 疫苗（莫德納、BNT）為主，但是 AZ 疫苗也可以。根據《新英格蘭醫學雜誌》大規模回溯性研究，收集 3 萬多名孕婦、不分孕期施打 mRNA 疫苗的案例發現，孕婦不分孕期施打疫苗對母嬰都安全無虞。而且，若在第三孕期施打，還能產生抗體同時保護新生兒。另外，雖說 AZ 疫苗確實會稍微增加血栓風險（40 歲以上十萬分之一，40 歲以下五萬分之一），但整體評估起來，仍是利大於弊。因此，對於第一劑已經施打 AZ 疫苗的孕婦來說，英國政府仍建議，除非嚴重過敏，第二劑仍可施打 AZ 疫苗，不需更換廠牌。施打疫苗後一旦出現副作用，不管是發燒、手痠、過敏，也都可服用藥物緩解症狀。

順帶一提，由於新生兒百日咳致死率極高，但滿月前無法

接種疫苗，因此雖然成人染疫風險極低，一般還是會建議孕婦在孕期 28 週到 36 週時施打百日咳疫苗，產生抗體，通過胎盤保護新生兒。

◆ 可以看牙醫嗎？

洗牙、補蛀牙、根管治療都可以，且都不會影響胎兒。

很多孕婦發現懷孕後，牙齦容易出血，原本拖著沒有治療的蛀牙越來越痛，糾結該在懷孕時接受治療還是等到產後。

其實孕期口腔健康易出狀況，是因為懷孕後口腔免疫系統改變，造成牙齦腫脹而容易出血。另外孕期因嘔吐、胃食道逆流、嗜吃甜食等因素，造成口腔內的酸鹼值下降，因此更容易蛀牙。所以懷孕不只可以看牙，健保更將孕婦洗牙給付從一般成人的半年，縮短成 90 天。

不管牙齒有哪種問題，我都會建議即時處理，拖到產後不僅會讓疾病變嚴重，忙碌的育兒生活更可能讓媽媽完全找不到時間看牙醫，也就是這樣鄉野才有「生一個孩子，掉一顆牙」的諺語流傳。另外，特別強調，全口 X 光檢查並不會增加任何孕期風險，懷孕仍可照 X 光。

◆ 可以按摩嗎？使用按摩槍呢？

可以。孕婦由於身體結構改變，肌肉容易緊繃、靜脈回流變差，其實是更需要按摩的族群。

現代醫學並沒有按到特定穴道就會導致流產、早產的説

法。事實上，也沒有任何文獻證實早產、流產和肌肉被按壓有關，因此原則還是只有一個，避開肚子區塊，哪裡不舒服就按哪裡！比如小腿腳踝緊繃水腫，可以腳底按摩；胸部及腹部變大，肩頸下背特別容易痠痛，洗頭時按摩就能鬆一下；臀部容易緊繃疼痛的話，也可以側躺按摩放鬆臀肌。不過，因子宮稍微阻礙下肢靜脈循環，孕婦按完的痠痛感可能會比孕前持續較久，這都是正常現象，不是所謂毒素，更不會影響胎兒。

　　至於按摩槍，當然可以使用，只要不要對著肚子！按摩槍是利用高頻震動痠痛部位，加速血液循環及震鬆肌肉，達到深層按摩的效果，以原理來看並沒有不能使用的理由。且對於下半身血液循環較差，後側肌群（臀部、腿後側）容易緊繃的孕婦來說，是一個方便不求人的按摩工具。很多孕婦會接著問：「真的嗎？為何很多醫師說不能用？」

　　其實，這類新型產品為了避嫌，總喜歡在使用說明上標註「孕婦使用前宜先諮詢產科醫師」，但產科醫師不是生活智慧王，難以窮盡市面上所有產品，當醫師沒有相關使用經驗，又沒去深究產品原理時，直覺式的回答「不可以」真的也不奇怪了！

◆ 可以吃生魚片、生菜沙拉嗎？

　　不建議大量食用。之所以要避開生食，主要是擔心食物受到李斯特菌感染，孕婦吃下肚後病菌會經由胎盤或產道影響胎兒，嚴重可能導致新生兒腦膜炎甚至死亡。不過李斯特菌腦膜

炎發生率極低（全國每年約 1-2 個個案），因此真的不小心吃到生食，被感染的機率也極低，無須過度緊張，規律產檢即可。

◆ 可以喝茶、喝咖啡嗎？

可以，且據我臨床觀察，淺嚐一點咖啡對於孕初期的偏頭痛極為有效。花茶、紅茶也有助於紓緩孕期易緊張的情緒。

根據美國婦產科醫學會建議，孕期每日咖啡因攝取以 200mg 為限。200mg 約等於特大杯的星 X 克拿鐵、中杯的星 X 克美式、小七的卡布奇諾。因此一天一杯咖啡沒有問題。茶的咖啡因約是咖啡的 1/3-1/5，因此一天兩到三杯茶都在可接受範圍內。不過須特別注意的是，咖啡因會利尿，因此不能取代水分補充，而市面上部分劣質咖啡亦容易造成心悸，需慎選。

至於其他各種族繁不及備載的刺激性食物，例如：蘆薈、薏仁、番紅花、泡菜、冰水……，確實可能引發腸胃不適、子宮收縮，但不可能因此早產。因此只要孕婦身體可接受，沒有禁止食用的理由。

◆ 可以喝酒嗎？

酒精可以直接通過胎盤，目前也沒有每日攝取酒精的安全劑量標準，尤其是在孕期間酗酒很可能影響胎兒外觀和神經智力發育，引起「胎兒酒精症候群」。因此，各學會都是建議一旦發現懷孕，就滴酒不沾。

至於以酒為調味的料理，好比三杯雞、雞酒或白酒義大利

麵可以嗎？坦白說，這一點的酒精量我認為並無大礙，外食不知情下吃到一點不必過度擔心，但如果是自己做菜，可以改一下料理習慣，避免邊吃邊擔心。

另外，因為酒精的傷害通常是大量持續累積所造成，如果是喝完才意外發現懷孕，只要不再飲用即可，不需要焦慮甚至為此終止懷孕。

至於疫情下常使用的消毒酒精則完全沒問題。會有這種擔心是因為 75% 的酒精聞起來相當刺鼻，容易聯想成會刺激到胎兒，影響其生長發育。但其實外用酒精揮發很快，皮膚或鼻黏膜能吸收到的量極少，再加上透過血液回流到心臟的量，分配到子宮，又需要一段時間，這些微量的酒精早已代謝掉，真的能進入胎盤的量趨近於零，因此不會對胎兒造成影響。

不過還是要提醒，這些刺鼻的氣味容易讓孕婦噁心、頭痛或反胃，所以敏感的人記得戴好口罩再消毒。也有人皮膚容易對酒精過敏，使用後會產生紅疹、脫皮，如果遇到這些狀況，使用抗組織胺或類固醇藥膏都是安全的。

◆ 可以有性行為嗎？

當然可以。陰莖在陰道內的碰撞並不會影響胎兒。只要孕婦沒有不適或陰道出血，都可如常進行性行為。

孕期性行為特別容易有陰道出血可能是，第一，懷孕時子宮血流量增加，子宮頸表面微血管變多，容易因摩擦造成破裂；第二，子宮頸息肉被碰撞產生出血。當然，由於不能輕忽子宮

頸變短、早產的可能性，因此性行為後的出血雖然大多沒問題，但仍須就醫內診、超音波檢查確認。

再來，精液裡有會導致子宮收縮的前列腺素，雖說這種生理造成的短暫宮縮不會增加早產風險，但為了避免孕婦下腹不適引發焦慮，讓彼此都能更放心的享受性愛，建議使用保險套。

最後要提醒的是，懷孕時的性慾也有著不小的個體差異，有些人因疲累體力下滑而性趣缺缺，但也有人因雌激素上升而性慾高漲，這部分需要每對伴侶溝通協調，必要時可以口交、手淫等方式替代。

◆ **可以平躺睡覺嗎？為什麼有人說懷孕一定要左側睡？**

可以，只要孕婦覺得舒服怎麼睡都可以。

會有一定要固定左側睡的說法，是因為曾有小型研究指出左側睡比較不會壓迫到下腔靜脈，可降低胎死腹中的機率，但此項研究參與人數太少，再加上大多數的人熟睡後都會翻來翻去、變化姿勢，和入睡的方向根本不同。因此，只要睡得著，孕婦向任何方側睡、平躺睡都無所謂，初期肚子不明顯不壓迫時，也仍可趴睡，並不會壓到胎兒。

不過，也有很多孕婦到後期平躺睡特別容易因下肢循環變差而容易喘，或胃食道逆流頻頻咳嗽，這時候可以改成半坐臥睡姿，或採用月亮枕側睡。

總而言之，孕婦已經很容易因頻尿、焦慮、下肢痠腫而失眠，真的就是能睡得著、睡得久最重要。

◆ 可以坐機車嗎？通勤要注意？

可以。會有這種擔心，是因為相對汽車，乘坐機車會產生較多的震動，但這並不會影響胚胎著床，因為胚胎發育成胎兒後，受到羊水和腹內壓的保護，不可能因晃動而受傷、腦震盪。只不過乘車的顛簸和晃動可能加劇孕婦原有的恥骨痛、下背緊繃等症狀，建議騎乘時放慢速度，避開路面上明顯的坑洞。

另外藉此提醒，孕婦搭乘大眾交通工具會比一般人更容易暈車，主要是因為賀爾蒙改變，內耳容易不平衡，通勤久站久坐都易造成血液積在下半身，腦部灌流不足頭暈，再加上人多又戴著口罩，空氣就更稀薄了。因此要留意扶好把手，當出現眩暈時，可立即蹲下，避免跌到撞傷。

◆ 有做光療、水晶指甲的習慣，懷孕時可以維持嗎？

我認為可以，但靠近生產時應該卸除。

因為目前沒有任何證據顯示美甲的溶劑和顏料對胎兒有影響，只是療程中的刺鼻氣味可能會引發孕吐、頭暈等不適，要注意店家的通風或最好配戴口罩。另外，不管自然產、剖腹產，生產過程中，醫護人員需要藉由夾手指的血氧機偵測產婦的血氧濃度，美甲的材質可能會影響數據判斷。因此，建議在預產期前 1 個月卸除。

◆ 可染、燙頭髮嗎？

可以，如果擔心可等到懷孕中期再去染燙。

同樣沒有證據顯示市面上合格的染燙產品會對胎兒有影響，而且也只有頭皮會吸收到微量產品，頭髮並不會。但不可諱言的是，有部分研究指出，不管是不是孕婦，長期大量接觸這類溶劑會增加癌症風險，皮膚敏感的人也可能發生頭皮接觸性皮膚炎。因此，比較謹慎的作法是，避開胚胎發育的懷孕初期，將染燙計畫延至懷孕中期，並請設計師做好防護，避免頭皮接觸到化學染劑，若是居家染髮，也要佩戴手套。

◆ 可以刺青、紋眉、繡眼線嗎？

不是不可以，但因為感染風險較高，最好盡量避免。

和指甲、頭髮的「表皮美容」不同，紋繡或刺青的原理是製造皮膚表層的傷口，將色素、色乳帶入真皮層。雖然沒有證據顯示色素會對胎兒有影響，但有傷口的狀況下，若器械消毒不完全，就有可能會感染疾病或造成皮膚發炎，為避免節外生枝，建議將計畫延至產後。

◆ 可以做雷射除毛嗎？

可以。目前最常見的雷射除毛方式是「亞歷山大雷射」，原理是利用熱能破壞生長期的毛囊。局部的熱能並不會讓體溫改變，所以也不會對胎兒產生影響。而施打雷射的疼痛雖可能引起宮縮，但一般來說休息即可改善，並不會增加早產的風險。只是在治療時，若面積過大、毛髮太多，治療時間需拉得很長，孕婦要注意姿勢的變換避免頭暈或喘。

　　順帶一提，目前自然產待產不會例行性剃毛，為避免除毛導致的毛囊炎，我個人也不建議孕婦在待產前接受坊間美容沙龍提供的各種會陰除毛課程。

　　雖然懷孕有許多生理上變化，又承載另一個新生命，但孕婦還是人類，並沒有變成外星人，有些疑惑其實用常理推斷即可破除迷思和限制。至於胎兒有胎盤、子宮、羊水的保護，真的沒有那麼容易受傷，早產、流產、胎兒異常和孕婦的食衣住行關聯性也不大，因此建議孕婦真的不用給自己太多限制，因為最懂妳身體的人永遠是妳自己！

伴侶可以這麼做！

面對孕期各種禁忌，我相信很多伴侶一定會想自己又能做什麼呢？我認為最重要的還是掌握知識，相信孕婦只要過好自己的生活就夠了！不菸不酒就是對胎兒最大的保護。

不可以喝冰水？日夜顛倒小孩會很難帶？懷孕騎機車容易流產？這種沒根據的各種警告，孕婦本人聽的一定比你多，真的不要隨外人起舞，因為來自枕邊人的疑問，往往更讓孕婦感到孤立無援、不被支持，增加負面情緒，甚至引爆伴侶之間衝突。

相反的，也想提醒，如果太太拒絕陪你看刺激的電影、發生性行為，還是要記得尊重對方感受，不要用「醫師都說可以了，妳怎麼還這麼迷信、不進步」指責對方。有時候這不是「迷信」，而是孕期所有壓力都在孕婦身上，即使科學上毫無關聯，胎兒有任何狀況，孕婦也常會自我責怪，受千夫所指。請耐心詢問她擔心的點，協助蒐集正確資訊，或許是更好的方式。當然你也可能在溝通的過程中發現，有時候原因只是太太根本不喜歡這部電影，或身體疲勞沒性慾。

學會過濾資訊，是孕期最美好的禮物

　　從上一篇你就知道，懷孕的各種「可不可以」真的是寫也寫不完，之所以禁忌如此多，其實和孕育一個新生命實在有太多狀況，且即使生殖科技發展至今，人類也無法確保每一個胚胎發育順利足月出生有關。就以早產為例，即使健保覆蓋率極高，台灣產檢次數居世界之冠、有高貴安胎藥、精細的超音波檢查，早產發生率仍維持 10% 左右。另外很多胎兒發育的問題好比兔唇、自閉症至今找不到明確的原因。

　　而既然當現代醫學無法解釋、無法預防，就會使流傳已久的迷思、禁忌即使毫無根據，甚至有一點荒謬，仍無法隨時代退場。

禁忌和錯誤訊，都來自於不理解

　　「如果妳乖乖躺著就不會早產。」

　　「按摩和搬重物動胎氣才會早產吧！」

　　「就和妳說懷孕不能拿剪刀、不能搬家吧！」

　　就這樣，哀傷的情緒有了不科學的出口，孕婦的一言一行

成了被檢討的箭靶。也因此很多孕婦為了避免被怪罪，寧可信其有，不敢對這些禁忌提出質疑，最終變成在日常生活中綁手綁腳，大小事都只好問過醫師才做。不論是可不可以化妝、擦香水、泡溫泉、養寵物……，在門診，我甚至被問過可以搭高鐵嗎？（當然都可以！）

這種一定要找到原因以及對孕產知識的不理解，不僅會讓其他人對孕婦避之唯恐不及（好比不願意幫孕婦補牙、不賣冰飲給孕婦），甚至有些人還會站在道德制高點批評孕婦，最常見的就是，當孕婦將自己深蹲、硬舉照放上網路時，總是會有網友表示：「這個媽媽好自私，小孩好可憐。」、「不能為了胎兒忍耐一下嗎？」這不外乎是因為大部分人誤以為孕期運動會增加早產風險，也誤以為早產可以透過多休息預防，沒有知識當基礎的善意提醒，就這樣容易變成對孕婦的惡意攻擊。

而不只禁忌限制多，孕產相關的資訊也相當雜亂，甚至互相矛盾讓孕婦們無所適從。這個原因可能來自於懷孕生產的人生經驗太刻骨銘心，很多人總愛以「過來人或學姊」的身份分享個人經驗，出發點當然立意良善，是希望朋友少受苦、少走冤枉路。但每個人的身體條件不同，胎兒大小也不同，更甚至世代也有落差，因此提出的意見有時完全相反。比如催生好幾天最後轉成剖腹產的人就會提醒朋友「千萬不要催生，又痛又會吃全餐」，而減痛分娩效果好、產程快的人就會大力推薦無痛加催生。

讓信任的醫師和正確知識作後盾

不管是不明所以的禁忌或是雜亂的資訊來源，現代問題需要用現代手段處理。當親耳聽到的訊息不一致時，5G 時代，最快速的當然是用鍵盤做功課、上網查資料，但現在實在太多網站藉由衛教的名義，挾帶似是而非的訊息，推銷商品。好比孕婦一定要左側睡，不然會增加胎死腹中機率，所以要購買月亮枕，不然難以維持固定姿勢？！或是一定要使用托腹帶把子宮托著，不然子宮會下垂、胎兒會早產？！更甚至有產後不用束腹帶、不綁肚子，小腹會消不下去？！身為醫師，我其實不是要抵制這些產品，而是抵制假衛教真行銷的手段。

再來，和現代醫療相比，傳統醫療對懷孕身體另有一套說法。好比要溫補安胎、避免冰品、注意胎教、不能動胎氣、產後要多躺避免傷腰椎等，若懷孕前有習慣看中醫師，有時候會倍感衝突，不知道該相信哪位「專家」？

孕產的資訊如此混亂，準爸媽如果不是專家，那到底該怎麼過濾資訊呢？

首先我認為，最重要的應該是選擇有良好溝通，願意理解妳的疑惑，並讓妳安心的醫師。畢竟產檢很大的目的就是讓準爸媽安心，既然在台灣健保制度下，孕婦可在醫院診所彈性選擇，那何不在前幾次產檢多看幾位醫師，選擇自己喜歡、信賴的人當作陪妳走過孕期的夥伴、嚮導。畢竟每個人的偏好不同，

有孕婦喜歡醫師權威式地直接告訴她什麼可以做、什麼不行，讓孕期生活有所本。當然也有孕婦希望醫師能以理服人，不管是要不要做羊膜穿刺、該催生還是剖腹，都可以拿出數據，提供個人化意見。我會建議前面幾次產檢，多看幾位醫師，千萬不用認為換醫師會很尷尬，其實醫師根本不會發現。

再來，就是「選你所信，信你選所選」。畢竟醫病關係和愛情一樣，少了信任做基礎，再多解釋都是枉然。以「網紅」醫師的角度來說，在網路上收到媽媽迷惘的訊息例如「醫師建議催生，真的要去嗎？」我都覺得好尷尬，因為即使有胎兒預估體重、孕婦身高體重，隔著螢幕鍵盤也實在很難給予建議。而且，如果我的產婦寧可相信網路問診或親朋好友的經驗談，不願意相信我，我也會挺失落無奈的！

我想說的是，每個女人的孕產經驗都非常珍貴，但每個人的身體、感受都是獨一無二，因此可以參考但不用全盤接受，即使是親姐妹，生產經驗和耐痛程度都可能天差地遠，更何況素未謀面的網友呢？

而雖然網路查閱資訊便利又快速，但流量、點閱率掛帥的年代，我們不得不對網路文章抱持高度的警戒心，釐清文章的來源和目的。其實仔細一點閱讀，就會發現許多光怪陸離的孕產新聞發生地點根本不在台灣，內容真實性也堪慮。而許多恐嚇式衛教的背後往往是在推銷產品，更有許多孕婦都和我抱怨，原本只是小問題順手查一下網路，沒想到越看心越慌，最

好只好多跑一趟醫院才安心。更有很多人開玩笑地說，孕婦什麼都可以，就是有問題時不可以上網啊！

最後，我還是要鼓勵所有孕婦，吸收孕期知識後，勇敢對這些限制或是不實資訊提出質疑，這麼做並非單純為了標新立異，而是爭取自己生活如常的基本權利，同時也宣示媽媽無須也無法為懷孕各種突發狀況負責，畢竟胎兒發育和日常生活關聯性真的極低！

烏烏跟你說

為何總鼓勵孕婦從事肌力訓練（深蹲、硬舉）？

孕期肌力訓練的好處很多，包含減輕下背疼痛、維持孕期體能、縮短在產台上用力的時間，透過正確訓練，可以讓孕媽咪舒服安全地適應劇烈改變的身型，度過孕期劇烈的身心變化。

至於為什麼推薦深蹲和硬舉？主要是，深蹲是使用最多肌群、最多關節的訓練項目，可強化下半身肌力促進靜脈回流，減少下肢水腫。同時也能有效訓練到骨盆底肌，是有負重的凱格爾運動及最有效率的核心運動，能改善孕期漏尿，維持孕期良好姿勢。我也觀察到有練習深蹲的女性在生產時也較容易使上力。

而硬舉則可強化下背肌力，讓下背有效的撐住孕期不斷變大的腹部，減緩下背疼痛。另外，產後育兒生活其實就是不斷的硬舉，只不過舉的不是槓鈴，而是會動又脆弱的嬰兒與娃娃車，因此在孕期藉由硬舉讓身體學會並習慣正確的用臀部發力，就可避免日常反覆彎腰駝背，也避免搬重物的錯誤姿勢，都可大幅降低產後腰痠背痛的機率。

所以啦，各種深蹲（背蹲舉、酒杯式深蹲、握把式深蹲、高箱蹲）和硬舉當然是孕期肌力訓練不可或缺的主項目。

Part 2

懷孕中期

相對舒適的孕期，理解眾多孕產狀況，
一起做個身心強壯的孕婦吧！

胎兒，是孕婦甜蜜的負擔

我發現，為了讓大家體驗懷孕，對孕婦更有同理心，有些活動會讓小朋友或男性在肚子前面綁一顆氣球，執行許多任務，如果氣球不小心破了，大家就會得出「懷孕真的很辛苦，大家要多呵護孕婦」的結論。活動的設計理念雖然立意良善，但傳遞的觀念並不完全正確。

才不只是肚子大而已

首先，子宮是一個很有韌性且強壯的器官，並不是氣球隨便一戳就會破。孕婦更不是易碎物，同理孕婦的第一步是尊重她們，而不是弱化她們。再者懷孕身體結構的變化，也不是單純肚子變大、體重變重，也不是肚子綁氣球就能模擬。

從受孕到寶寶出生，子宮會隨著胎兒逐漸被撐大，像是從拳頭慢慢變成西瓜一樣。尤其是懷孕 30 週的肚子，就好像裝了一顆會動的球，子宮會往上壓迫到橫隔膜，讓孕婦喘不過氣、肋骨痛，腸胃道比較敏感的人也會因擠壓而消化變慢，又開始出現吃不下、容易飽等症狀。子宮往下也會壓到骨盆底肌，造

成孕婦半夜頻尿，不曾訓練骨盆底肌群或是第二胎的產婦，也可能一咳嗽就漏尿，出現有東西快要從陰道掉出來的下墜感，這是子宮壓迫使得骨盆底肌支撐力下降產生的症狀。

　　而骨盆除了容易被變大的子宮往下、往前拖以外，孕婦身體的所有關節還會受到鬆弛素影響，變得比孕前更容易晃動不穩，也容易有膝蓋內夾、足弓塌陷、踝關節不穩定的狀況。就連腿後的肌群也會因骨盆位置改變而容易緊繃，可謂牽一骨盆動全身！

讓自己舒服一點更重要

　　此外，變大的子宮也會影響下腔靜脈的血液回流，因此很多孕婦到了後期從腳掌、小腿、大腿到會陰部特別容易水腫，甚至連鞋都穿不下。也有些孕婦發現，後期平躺睡覺、久坐更容易頭暈眼花、吸不到氣，這都是下半身血液循環變差所導致。

　　另外除了回流差以外，懷孕後身體總血流也比較大，鬱積在下肢靜脈的血流當然隨著變多，而使得靜脈曲張變嚴重，很多人原本只長到小腿的靜脈曲張，在懷孕後持續蔓延到膝蓋窩與大腿。肛門附近的靜脈曲張，俗稱痔瘡，也會因此在懷孕期間爆發，再加上孕期腸胃蠕動慢、容易便秘，很多孕婦在大便用力時，內痔也會隨著腹內壓上升，出血或掉出來。不過，可以放心的是，即時外痔嚴重也不會影響自然產，一般來說在產後 1 個月內就會消失，需要手術的機會並不高。

以上這些狀況，真的都不是一句「肚子大」可以形容的辛苦，所幸這些症狀都不會影響胎兒健康，孕婦最重要的應該是盡可能讓自己舒服一些。例如，避免維持同一個姿勢過久（通常是超過 2 小時），要時常變化姿勢、抬腳，提醒自己深呼吸，後期根據自己舒適度調整睡姿。

而我一直大力推廣的孕期肌力訓練，其實不單純只為了儲備生產時的體力，也是為了在孕期還能強化孕婦下肢肌群，減少腿痠無力，促進下肢靜脈回流，減緩頭暈症狀。尤其是以自由重量為阻力來源的肌力訓練效應又更大，在加強四肢肌力的同時還能鍛鍊其他部位，例如深蹲、硬舉不只能強化大腿、臀部肌群，因為是站的發力，因此從腳掌、膝蓋、骨盆底肌、核心、上半身穩定都能一起練到，對於改善孕期中後肚子越來越大衍生出的各種不適症狀，都有很大的幫助！

胎動，親密又特別的連結

「胎動，就是沒有的時候很期待，有了又嫌煩的奇妙感。」

懷孕 8 週，就可在超音波下看到胚胎微微跳動、扭動。但感受到胎動的時間，則是因人、因寶而異，與胎兒是否健康活潑、媽媽脂肪厚度無關。

那什麼時候會有胎動？據我臨床觀察，第一胎的媽媽只有少部分可在 20 週前感受到微弱的胎動，而半數以上的人要到接近 24 週時才能感受到明顯的胎動。

這是因為胎動剛開始出現時，與腸胃蠕動難以區分，也有人說一開始出現的胎動很像有人在身體裡亂摸或小魚在肚子裡游泳的感覺。所以有了第一胎的經驗，第二胎的媽媽通常可以比較早感受到胎動，也就有胎動來得早的感覺。

有動就好，不必精算

在 24 週之前胎動的強弱每天會有落差，可能幾天很明顯，但隔幾天，又因為忙、累、天氣冷，感受度下降而變得不明顯。因此我會建議準媽媽在 24 週後再觀察胎動即可。

研究統計顯示「認真數胎動」不會降低胎死腹中以及新生兒死亡的機率，也不會影響新生兒的健康，因此準媽媽並不需要為了「精算」每小時胎動有幾次，而增加緊張焦慮，甚至無法專心做事。

相對地，當胎死腹中的狀況不幸發生時，旁人也切勿用「不夠注意，沒好好留意胎兒狀況」來指責準媽媽。

其實每個胎兒都有習慣的作息和固定的節奏頻率，有些寶寶整天都在胎動，有些寶寶就是比較文靜。因此只留意胎動次數和前一天差不多即可，不用和其他人比較。

我建議，準媽媽可在胎動最明顯的時段（通常是睡前）花個 10 分鐘注意感受「有在動」就好。若感受不明顯，可以吃一點甜食、搖晃肚子、或放音樂刺激胎兒，若持續 1 小時感受不到胎動，別想說睡一覺就會動，也不需要再上網查資料，立刻就醫吧！

胎動忽然增加是正常生理現象

隨著胎兒變大，神經系統成熟，懷孕後期胎動的感覺也跟著改變，從若有似無，變成滾動、大翻身，甚至拳打腳踢、規律打鼓、打節拍似的打嗝、顫抖都是正常。接近足月時，劇烈的胎動甚至會踢到孕婦肋骨和膀胱，讓妳頻尿、疼痛夜不成眠，還可能嚇一跳。

　　觀看刺激電影、運動或是情緒起伏比較大時，準媽媽也會感受到胎動變得劇烈，是因為母體心跳血壓上升，連帶讓胎兒活動力暫時變強的正常生理現象，並不是寶寶被劇情嚇到，更不是所謂動了胎氣，完全不可能傷害到胎兒。

　　另外，有些網路文章表示「胎兒動太多是缺氧前兆」，也是錯誤的資訊，胎動增加表示胎兒狀況良好，不是警訊。我猜想會有這種迷思，主要是劇烈的胎動容易讓人聯想成胎兒是被臍帶纏繞、吸不到氧氣在掙扎求救。但其實胎兒在子宮內不會呼吸，臍繞頸極為常見，只要胎盤功能正常，臍帶血流順暢，胎兒並不會缺氧的喔。

烏烏跟你說

市面上有一些儀器，可以居家監測胎心音，有必要嗎？

先說結論，不必要，實用性不高，而且如果使用的心態不正確，反而會有負面的效果。

首先，因為 20 週以前胎兒相對小，活動範圍大，以致於很可能找不到心跳，反而徒增煩惱。在急診，我就遇過使用相關產品聽不到心跳而來看診的焦慮孕婦。

當然很多人一定會想問，在還沒感受到胎動時，不聽胎心音，該如何判斷胎兒有正常長大、心跳沒有忽然停止？

坦白說，真的沒有好方式觀察，且在有胎動之前，就算媽媽真的聽到心跳變慢，立刻就醫將胎兒緊急剖腹產，也沒有存活的可能性。所以我還是建議媽媽們，平常心、放輕鬆，規律產檢即可。

而且臨床判斷胎心音是要連續監測 30 分鐘，看心跳的變異性是否規律、有沒有減速的狀況，並不是在家聽個幾分鐘就能判斷。

孕婦腹痛了，就需要安胎？

　　不少人會開玩笑地和我說，懷孕最大的好處就是 9 個月不會經痛！每次聽到這樣天真的宣言，我都會忍不住插嘴：懷孕雖然不會經痛，但肚子不舒服和腹痛的比例遠比經痛還高啊！

這些狀況都可能會痛！

　　首先，前面也曾提到，懷孕初期會因黃體素上升，子宮充血，讓下腹產生和經前類似的悶脹感。賀爾蒙改變也讓腸胃蠕動變慢、敏感易受食物刺激，便秘、脹氣、腸胃炎常交替出現，所以此時會建議準媽媽少量多餐、吃不下不用勉強，因為這個階段胚胎才 100 公克不到，根本不需要多餘的熱量。

　　還有一種狀況，不會特別危險，但孕期相對會較不舒服，那就是有子宮肌瘤，肌瘤越大（超過 4 公分）疼痛發生的比例越高。因為懷孕時隨著雌激素濃度上升，肌瘤會快速生長，肌瘤內部有可能會因缺血產生壞死性疼痛（好發於孕期 4 到 6 個月），所幸這些症狀可以靠止痛藥、休息緩解，在懷孕 6 個月後也會自然改善。

　　而到了懷孕 4 個月後，子宮慢慢長大離開骨盆腔，會牽扯到子宮周邊韌帶，準媽媽這時就會感受到胯下有拉扯感。接著，所謂的「子宮收縮」（宮縮）也會出現。

　　子宮是一顆球型的肌肉，就像身體其他部位的肌群一樣，當血液循環變差、脫水、久站久坐、吃到較為刺激的食物時，就容易刺激肌肉收縮。再加上子宮長大的過程，體內雖有鬆弛素作用讓肌肉放鬆，但有些人在 30 週後確實會出現頻率不算低的「假性宮縮」，一般來說休息會緩解，也不會出血。

　　尤其是如果超音波檢查確定子宮頸長度正常，那就更不用擔心。也就是說子宮收縮未必會引發早產。

 烏烏跟你說

子宮肌瘤有可能會影響胎兒嗎？該怎麼處理？

　　子宮肌瘤在孕期間除了可能造成壞死性疼痛，若位置靠近子宮表層，也容易造成腹內壓上升，讓孕婦更早產生腹部的下墜感和漏尿狀況，和同週數的媽媽相比，肚子看起來也會比較大。但提醒：同樣是懷孕合併子宮肌瘤，孕婦的各種症狀仍受到肌瘤大小、位置會有個體差異。

　　不過，別擔心肌瘤會壓到胎兒，因為子宮和肚皮都相當有彈性，其實會被壓到的永遠只有孕婦的腸胃道、肋骨，寶寶並不會因為肌瘤感到不舒服。所以，只要沒有出血、不適或頻繁宮縮，有肌瘤的孕婦仍可正常生活、規律運動。只是到了懷孕後期，若胎兒位置沒有降得比肌瘤更低，就會因肌瘤擋住產道（子宮頸）而必須剖腹生產。

　　很多人會詢問能否在剖腹手術時「順便」將肌瘤切除，我的意見是，不是不行，但其實一點都不順便！首先子宮在生產時血流量比平時多了 25%，肌瘤尺寸又比孕前大，因此兩種手術同時開乍聽之下很「方便」，但實際上出血會比沒懷孕時多，傷口也會更深，等於是在最困難時處理肌瘤。更何況，隨著產後雌激素下降，絕大部分的肌瘤會慢慢縮小到產前的尺寸，並不需要手術，所以通常不建議在生產時開刀處理。

安胎是「延緩」生產

既然子宮收縮不一定會早產，安胎往往只是讓大家安心，實質幫助並不大。話雖如此，台灣在健保加持下，醫療相對便宜，安胎標準非常寬鬆，孕婦稍有宮縮不適，不少醫師就會積極開立安胎藥、叮嚀要臥床安胎、多躺少活動，有些狀況甚至會建議孕婦立即住院一路躺到生。

而歐美國家安胎條件較為嚴謹，若單純只有宮縮，子宮頸沒有變化，早產機率極低就不需要安胎，而真的得安胎的個案，基於考量準媽媽的身體健康，天數也極少超過1週。

其實醫學研究早已發現，早產根本極難預防。安胎藥物不分種類，僅能延緩生產，不能預防早產發生（約延後48小時）。

主要因為早產發生的直接原因不明，各大期刊、醫學會僅能利用事後統計分析，指出多胞胎、高齡、有早產病史、妊娠高血壓或糖尿病的孕婦早產風險較高，但無法提出有效預防早產的方式。再加上，早產發生前，未必伴隨宮縮或出血，常常也毫無徵兆，無法預測。我就遇過半夜睡到一半忽然破水早產的產婦，也有女性因為子宮頸閉鎖不全在沒有腹痛的狀況下，胎兒就無預警的早產。

這就是為什麼這20年來，在國健署補助下，即使台灣產檢次數居全球之冠，產檢普及率幾乎達到百分之百，產前超音波次數越來越多，且台灣孕婦安胎住院比例居高不下，但早產

發生比率相對歐美國家也並沒有比較低，都維持 10% 上下，近年來甚至不降反升。因為早產真的是難以預防的。

才不是一宮縮就需要安胎！

很多人會疑惑，既然無效又何必積極安胎呢？除了醫療費用相對低廉外，當然還有社會文化的因素。一直以來，社會上普遍認為女性要對胎兒健康平安出生負全責，為避免早產，孕婦就該多休息、沒事就在家安胎，不要到處趴趴走。萬一不幸早產或是有任何意外，也免不了指責孕婦「就是不小心動了胎氣才會這樣」、「是不是吃錯了什麼，才早產」。

在這樣的壓力下，孕婦稍有不適、頻繁宮縮往往會心急如焚的就醫。而對醫師來說，考量到早產本來就很難預測、害怕醫療糾紛等因素，在門診只要孕婦出現宮縮，即便只有 30% 早產機率，基於「多做不會錯，少做怕被告」的原則，仍會防禦性地給安胎藥物、建議媽媽臥床休息。但除了早期破水，研究早有顯示臥床安胎不會降低早產機率。

也有人問，就算效果不明確，但在醫療資源足夠的前提下，難道不能盡量「安安看」嗎？為了女性身體考量盡可能不安胎，又什麼意思呢？

我想特別說明的是，很多人不知道，臥床安胎不僅無效，還可能傷害到女性的身體。研究顯示，孕婦躺超過 3 天會增加

血栓的風險。除此之外，長期臥床、大小便和進食都在床上解決，會使全身肌肉和骨質都嚴重流失，產後下床站都站不穩，也沒有體力照顧新生兒，更有極高的比例誘發產後憂鬱症，對媽媽的身心都有極大的傷害。

更何況，我們也再三強調，宮縮並不等於早產。早期子宮收縮若沒有合併子宮頸變短，加上早產測試試劑呈現陰性，早產的風險根本微乎其微。

過去在醫院，當我看到一路安胎的媽媽產後走路搖晃的背影、萎縮的小腿，都不禁會思考這一切到底值不值得？會不會她根本不須要安胎也能足月生產？當然這都是事後諸葛，也永遠不會有答案。

我想強調的是，決定要安胎前，一定要把將女性健康與生活品質納入第一考量。如果僅有宮縮，沒有出血，子宮頸長度沒有變化，那何必安呢？

就算為了讓大家安心而安胎，一旦宮縮緩解，也應該積極的調降安胎藥，讓孕婦回到正常生活。畢竟目前並沒有好的方式可以預防或預測早產，早產會發生並非孕婦做了或沒做什麼，也不是延誤就醫或醫師誤診，而是現代醫療發展至今仍有的侷限。

解密超音波

對所有懷孕的伴侶來說，產檢最期待的一定是照超音波了！透過黑白的畫面，爸媽們可以感受到胚胎第一次的心跳、胎兒揮舞的四肢、畫面轉換，又可利用重組技術看到胎兒的臉龐（也就是所謂 3D、4D 立體彩色超音波）。

而對醫師而言，「超音波是第三隻眼」，這個技術讓我們了解早期流產的胚胎通常是沒有發育好的萎縮卵，不用靠肚子是尖是圓來判定性別，還能看出先天性心臟疾病以及超過八成的胎兒器官結構問題，就連胎兒的體重也不需依據肚子大小胡亂猜測。

雖然這項技術帶領我們打破許多古老迷思，但隨著超音波檢查的普及與頻繁使用，如何解讀這些結果也越來越重要。尤其是某些狀況聽起來可怕，其實不然，若沒有仔細解釋，有時反而會增加孕婦的煩惱。

接下來就針對這些聽起來可怕，實際上卻根本「還好」的超音波檢查結果一一說明，讓準爸媽別再過度擔心。

◆ 超音波測量寶寶體重比較輕，落在後段班，就是胎兒生長遲滯？

通常不是，寶寶持續有長大比單次量測的數值重要！

我們靠著超音波量測胎兒的頭圍、腹圍、大腿骨長，俗稱寶寶的三圍，再輸入大數據資料庫，就可預測胎兒體重。不過，畢竟不是成人的體重計，超音波的預估還是存在 10% 誤差。

懷孕 6 個多月前，胎兒體重不到 1000 公克，會因為分母小的緣故，些微的量測誤差就讓胎兒比預產期小了 1-2 週，例如懷孕 24 週預估體重 500 公克就可能落入後段班，相反的 590 公克就會超標，但仔細想，絕對數值差其實根本不到 100 公克，因此真的無須太擔心。

孕期進入 7 個月後，胎兒的成長速度會受到胎盤功能、基因、母體血糖狀況等影響，個體差異越來越大。也就是說，每個胎兒會有屬於自己的成長曲線，預估體重只要持續有增加，成長曲線不要越來越落後，就都是正常的！

而快要生產前 1-2 個月，成長的曲線差異更大，有些寶寶 1 週大 500 公克，也有寶寶體重持平。因此越靠近預產期，追蹤胎兒成長健康，就不會只單看體重，還會納入臍帶血流、羊水量、胎心音等指標，將孕婦胎動的主觀感受一起做全面性評估。

最後也最重要的是，足月新生兒的體重本身就有極大的差異 2500-4000 公克都有可能，就好比同年級的學生身高體重本來就不可能相同，整體健康狀態遠比體重來得重要喔！

◇ 我的寶寶每次都被說頭太大，會不會不好生？

不一定。

前面提到胎兒的生長曲線雖有參考大數據，但每個胎兒的曲線各有不同，很多寶寶在孕中期都會因頭圍超過週數 2-3 週而被說「頭太大」，但後續追蹤後成長曲線又慢慢趨緩。而且胎兒頭圍的大小並非孕婦多吃或少吃什麼可改變，坊間流傳說吃魚油頭會變大完全是無稽之談，因為研究向來都是指出魚油可促進胎兒神經發育，和頭圍無關。

重點是，醫學上沒有頭圍超過 10 公分就不能自然生的說法，畢竟嬰兒的頭骨相對較軟，生產時又都會經產道擠壓塑形，因此好不好生不完全與頭圍大小有關，還得考慮孕媽骨盆的寬度、胎頭與產道的相對位置。

簡單說，頭大未必難生，頭比較小也可能剖腹產。因此，只要超音波追蹤起來胎兒腦部發育正常、沒有水腦，那真的不用特別擔心頭大小。

◇ 超音波量測的羊水太多、太少，胎兒會不會很危險？

少數極端狀況才是真的有疾病，其餘只是個體差異。

懷孕 4 個月之前的羊水主要是胎盤製造，這時超音波影像羊水看起來都相對比較少。4 個月後，胎兒腎臟開始有排尿功能，這時候的羊水就是由腎臟製造出來的尿液。寶寶把羊水尿出來，再吞下去，羊水就在子宮裡自然循環著，因此 4 個月後，羊水的量可以反映出胎兒吞嚥、腸胃道與腎臟功能。

　　而羊水量和胎兒體重一樣都是用超音波來預估，測量方式為以肚臍為中心四個象限的水量深度加總，8-24 公分皆是正常。低於標準太多，甚至趨近於零時，要確認胎兒腎臟發育完整、體重是否有持續成長以及排除破水的可能性；高於標準太多時，則要仔細觀察胎兒是否有在吞嚥，排除腸胃道是否阻塞。

　　只要排除以上問題後，羊水多寡就不用特別擔心。因為羊水的量變異性很大，畢竟胎兒剛尿完或是剛吞嚥完，量起來就會有不同數值，因此每個胎兒、每個時期、甚至每一天羊水的量都不同。一般來說隨著胎兒體重增加，羊水會越來越多，直到生產前 1-2 個月開始自然減少。

　　特別要說明的是，可能因為羊水主要成分是水，因此大家會直覺認為，羊水看起來比較少，就要孕婦多喝水。喝夠水固然重要，孕婦脫水確實會增加宮縮、便秘的機會，但並沒有研究顯示孕婦多喝水會讓羊水量增加，因此不管羊水量多寡，每日水分攝取量都是 2-3 千左右，可根據流汗量、天氣來調整，喝不下的話真的不用勉強硬灌喔。

◆ 鈣化點是什麼？會不會影響胎兒器官功能？

　　鈣化點是鈣離子的沈積物，在超音波影像會顯得非常白亮醒目，但其實並不會影響器官的功能。

　　最常出現鈣化點的器官就是胎兒的心臟，俗稱小白點。畢竟心臟就是一大塊肌肉，肌細胞有許多鈣離子沈積是再正常不過的事。新生兒心臟超音波也證實，心臟有小白點並不會增加

先天性心臟病機率，且不會影響心臟功能。

　　而過去曾認為出現此指標和唐氏症有關，但隨著超音波普及，發現小白點的發生率超級高，因此各大醫學會早已將此指標移除。也就是說，看到小白點，大可平常心，忽略它。

　　另外，胎盤出現鈣化，也不表示胎盤功能退化。因為胎盤是充滿血管的器官，孕婦血液中的鈣質當然會隨時間累積在胎盤裡。所以不只是懷孕週數，胎盤鈣化程度和母體血液中鈣離子濃度也有關，因此鈣化程度和胎盤功能並不成正相關，要精準判斷胎盤功能，還是得靠胎心音監測、胎兒成長曲線、孕婦主觀胎動綜合去評估。

◆ **超音波顯示胎位低，表示容易早產？我要臥床休息，使用托腹帶嗎？**

　　沒有這回事，都不需要。

　　胎位沒有高低之分，所謂的「胎位低」根本不是醫學專有名詞，胎位只有分正與不正。胎位正表示胎頭朝下，可以自然產；胎位不正可能是臀部朝下、腳朝下或橫躺。而胎位不正的狀況下，自然產風險較高，大多會選擇剖腹生產。

　　「胎位低」的說法，應該是在還沒有超音波的年代，大家只能靠肉眼看肚子高低，猜測孕婦是否快要生了，這樣的說法延續至今，所以偶爾孕婦胎頭壓得很低時，有些醫師會多提醒一句：「胎位很低喔！要多休息。」

　　所以，「胎位低」只是一個超音波影像的結果，並沒有臨

床意義，而且胎位是無法靠外力改變的，打個比方，胎兒在媽媽肚子裡就像小魚在游泳池裡游泳，是自己決定要游得高還是低。孕婦就算臥床、使用托腹帶，也無法讓胎位高一點，同樣道理，孕婦天天深蹲也不可能讓胎位變低。

而且，就像小魚游得很靠近游泳池排水孔，只要塞子有塞緊，魚兒就不會溜走。所以即使胎位低、胎頭很靠近子宮頸口，若子宮頸沒有變短，早產風險並不會特別高。醫學研究也指出，子宮頸的長短與生產週數、早產風險有絕對的關聯性。因此與其用胎位高低判斷會不會早產，不如正確測量子宮頸的長度才是關鍵。

有些孕婦（第二胎居多）到了懷孕後期，覺得下墜感很重、胎動位置很低，常常有胎兒好像會忽然掉出來的感覺，這是因為骨盆底肌肉在第一胎時已被撐開、較為鬆弛造成的正常生理反應，但只要沒出血、子宮頸長度正常，就不用臥床，反而更應該勤做骨盆底肌運動，避免產後漏尿。

◆ 胎兒臍帶繞頸就很危險嗎？

不需要過度擔心。

臍帶是連結胎兒和胎盤的一個條狀組織，也是寶寶在子宮內唯一的玩具和朋友。臍帶不僅有三條血管，外面還有滑溜的膠質組織保護，並非大家想像中的那麼脆弱。通常臍帶會繞頸，是胎兒在懷孕早期游來游去剛好繞到的，無法預防，和媽媽的動作沒有關聯，當然也無法靠臥床多休息就改變臍帶的位置。

也就是說，到了懷孕後期一旦發現臍繞頸，就會持續繞到生產。

　　不過孕婦也不用太焦慮，因為寶寶在肚子裡並不是靠脖子呼吸！充滿羊水的子宮本來就是沒有氧氣的密閉空間，胎兒的肺部也還沒發育成熟，寶寶成長發育所需要的氧氣、代謝出的二氧化碳都是由臍帶輸送，所以臍帶是否有繞到脖子，一點也不影響寶寶的供氧量。

　　臍帶繞頸之所以讓大家聞之色變，應該是因為一提到繞頸，直覺會聯想到胎兒被掐住脖子無法呼吸，甚至膚色呈現紫黑色的驚悚畫面，但只要理解胎兒在腹內並沒有呼吸，只要臍帶血流暢通，胎兒並不會窒息，就不會這麼擔心了。再來就是雖然研究顯示臍帶繞頸不會增加胎死腹中的風險，但絕大部分胎死腹中的個案即使接受大體解剖，也找不到確切原因，如果在生產過程中剛好發現臍帶有纏繞（尤其是繞頸），醫護人員就會以此來解釋胎兒心跳停止。畢竟如此巨大的哀傷若沒有一個清楚明確的原因，會令爸媽更難接受且不安。事實上，以我的經驗，許多胎死腹中的寶寶臍帶不但沒有繞頸，也沒有纏繞。

　　其實，自然產中有超過三分之一的胎兒都是在臍帶繞頸或五花大綁的情況下出生。出生後，醫師會慢慢將纏繞在脖子上的臍帶解開，觀察新生兒最重要的呼吸、四肢張力、膚色，有沒有繞頸、繞幾圈不太重要，也不影響新生兒後續的健康與發育。順帶一提，剛出生的嬰兒膚色常偏紫，只要呼吸後慢慢轉為紅潤都屬正常範圍。

　　所以說囉！被診斷出胎兒臍繞頸不需要「特別」注意什麼，

當然更不用因此就選擇剖腹生產。再次說明，要確定胎兒健康
狀況的方式就是 24 週以後，孕婦每日觀察胎動是否活躍，再
來則是產檢時醫師藉由超音波評估胎兒生長曲線、羊水量，以
臍帶血流阻力評估胎盤功能，以胎兒監視器偵測胎心音正常活
潑，這些都比臍帶有沒有繞頸更精準也更重要！

　　隨著高層次超音波篩檢普及，越來越多狀況可以預先知
道，其實都不是太需要擔心的問題。但當然，也有更多疾病會
在產前診斷出來，而我想要提醒的是，胎兒是獨立生長的個體，
人體構造複雜，在發育過程本來就可能長得不一樣，大部分的
先天疾病，例如唇顎裂、先天性心臟病、小耳症、多指等，都
是找不出原因的，只能說是受到雙方基因與環境所影響，也是
機率問題。所以切勿有「新生兒有任何狀況，孕婦就都得負全
責」的思維，也別讓這樣的想法衍生成荒謬迷思，變成孕婦隱
形的巨大枷鎖。

　　此外，若遇到胎兒被診斷有先天疾病、考慮是否繼續懷孕
時，也應讓每個家庭各自評估，例如家人支持與否、經濟狀況
等。而父母們無論決定生與不生，都不需要因此內疚，畢竟不
管是讓孩子接受手術、復健，或是選擇引產，雖然醫師、健保、
相關基金會都能提供實質協助，但最後最辛苦的還是照顧孩子
一路成長的父母。

關於羊膜穿刺，需要知道的是……

懷孕進入第 4 個月，相信所有孕婦都會問一題：「我需要做羊膜穿刺嗎？」

先說結論：這題沒有標準答案。

首先，讓我們先了解羊膜穿刺如何進行。懷孕 16 週以後，利用超音波檢查確定羊水足夠，可以執行穿刺，藉由超音波指引下，將細針穿入羊膜腔內，抽取 20-30c.c. 羊膜腔內的羊水，再利用羊水內胎兒的細胞進行檢查。理解進行的方式之後，再來說說孕婦們所擔心的風險。

◆ 做羊膜穿刺痛不痛？

只要是侵入性的檢查一定會痛，不過大家可以不用太擔心，比起刺青、看牙齒，穿刺的針非常細、進行的時間也很短（通常不超過 5 分鐘）。但由於疼痛是很主觀的感覺，接受過檢查的孕婦回饋有不同，有人覺得刺一下、痠痠悶悶，拔針反而比較痛，有人認為比抽血痛，但也有人說顧著和醫師聊天完全無感。我會建議心情放輕鬆、肌肉不緊繃，痛感自然下降。

穿刺後通常會在診所觀察半小時即可離開，1 週內不適合

運動，但也不需要臥床，如果出現劇烈宮縮、腹痛、大出血、水狀分泌物增加、孕婦發燒等狀況，為了排除感染、早期破水，請務必提早回診。

◆ 拿針刺肚子，會傷害到胎兒嗎？

幾乎不可能，因為穿刺都是在超音波引導下執行，並非盲刺，再加上抽取羊水時，硬針也早已拔除，傷害胎兒的機率微乎其微。

不過即使穿刺的針非常細，還是會在羊膜上製造一個極小的孔洞，一般來說這個很小的洞一週內就會自行癒合，極少數（千分之一到千分之三）比例，小洞無法自行癒合，導致羊膜腔破裂，也就是俗稱的破水，需要安胎，甚至可能因此流產。

另外，由於羊水就是胎兒的尿液，胎兒只要撒一泡尿就能補足抽取的量，因此不用擔心穿刺後羊水不足的問題。

◆ 做了羊膜穿刺，胎兒一定沒問題？

當然不是。雖說比起過去只能以顯微鏡看染色體，現在的分子生物學又能將染色體放大，檢查出更多基因微缺失疾病，例如迪喬氏症候群、貓哭症、小胖威利症等等。但基因病變的疾病有上萬種，除了片段微缺失，還有更多單點突變造成的疾病，以現有的技術和孕期短短幾個月，不可能全部檢查出來（要全部檢查出來，胎兒早已出生）。另外也有許多狀況與基因染色體無關，好比自閉症、視力、智力、聽力等。

也就是說，雖然羊膜穿刺可直接取得胎兒細胞，比起其他間接性的檢查來的準確，但還是不可能保證胎兒一定「健康正常」。

年紀不是羊膜穿刺的唯一考量

了解羊膜穿刺怎麼進行，風險及優勢在哪後，那我們又該如何考量穿不穿呢？

在過去，大家總以為年齡是是否要穿刺的唯一考量，似乎超過 34 歲，就一定要羊膜穿刺。事實上，超過 34 歲羊膜穿刺有補助是國家福利、政策建議，並不是鐵的紀律，也絕非強迫。以歐美婦產科醫學會或衛生單位為例，並沒有建議超過特定年齡的女性一定要選擇羊膜穿刺。因為胎兒染色體異常的風險雖然確實會隨孕婦年紀增加而變大，但怎樣的年紀算大、多高的風險才算高，是人為定義，並非科學準則。而且，台灣當初制定建議的年代，並沒有初期唐氏症檢查、非侵入性唐氏症檢查（NIPT）可供選擇。

而現在，在門診則有很多所謂「高齡」產婦考量到懷孕不易，不想冒破水流產的風險，而選擇沒有風險的非侵入性唐氏症檢查。相反的，年紀不到 34 歲的孕婦，只要能接受風險，一樣可以選擇羊膜穿刺。

比起年紀，我認為懷孕當下的狀況更重要。如果初期唐氏

症檢查高風險或是高層次超音波發現胎兒器官有異常，就會直接建議穿刺。

　　再來就是周邊朋友的相關經驗，網路新聞也會影響孕婦的決定，好比我就發現，一旦有人在網路的媽媽群組分享穿刺後破水的經驗，後續幾天就會有很多人取消羊膜穿刺的預約；相反的，身邊若有朋友穿刺後提早發現胎兒異常，孕婦也會傾向選擇羊膜穿刺。

　　所以，是否選擇羊膜穿刺，我認為最重要的還是孕婦本人能不能接受穿刺的風險。選擇穿刺的孕婦通常會認為，既然羊膜穿刺加晶片可檢查出最多的疾病，那麼一點風險她可以接受；選擇不穿的孕婦則認為既然沒辦法保證胎兒一定健康，那就選擇零風險的檢查即可。穿與不穿都沒有對錯，孕婦只要根據自己的狀況與醫師討論，做出屬於自己的決定即可。

這類出血注意！
子宮頸變短與胎盤剝離

　　我們在前面的篇章有提到，子宮頸的長度，是判斷是否可能早產的重要指標；第一章也有提過，懷孕的早期出血，通常不需要太擔心，但如果出血原因來自於子宮頸變短或是胎盤剝離，就相對比較嚴重。這一篇我們就來談談這兩種狀況。

子宮頸變短

　　子宮頸是守護子宮健康的一道門，阻擋病菌進入體腔，懷孕後則是會像伸長的脖子一般拉長保護胎兒。一般我們說的內診「開幾指」、「五指全開」等，就是指子宮頸打開。

　　前面有提過，懷孕後子宮頸的血流量、血管分佈會變多，加上子宮頸原本就有許多腺體，因此如果子宮頸有打開、變短，就會牽扯到許多微血管產生紅色黏稠的分泌物，也就是俗稱的「落紅」，是早期產兆的一種。但如果沒有足月（未滿 37 週）就可能是早產跡象，因此只要是有陰道出血的狀況，往往需要經由超音波檢查子宮頸有無變短，排除早產的可能性。

而子宮頸變短有兩種情況：

◆ 一、無預警的子宮頸閉鎖不全

子宮頸閉鎖不全通常發生在孕期 4 到 6 個月，主因是子宮頸先天結構發育較脆弱，隨著懷孕週數變大，漸漸支撐不住變重的胎兒和羊水，因而撐開變短，最終可能會打開，使得羊膜膨出而破水，引發早產。

雖然變短的子宮頸可以靠縫線做子宮頸環紮手術補救，但醫師極難預測誰會發生、會在幾週發生。這是因為目前尚未有檢測可以預先得知子宮頸是否脆弱、難以承受孕期變重的子宮。而且子宮頸剛開始變短時，出血未必多到會被發現，有時根本也不會引發疼痛，因此某些個例發現時，子宮頸已完全打開，根本無法縫合，只能等到下次懷孕時做再做預防性縫合，避免再次早產。

我就遇過孕婦在前一週產檢子宮頸長度正常，當週檢查時卻子宮頸全開的狀況，這也就是為什麼即便超音波檢查如此普及，卻只有少數案例能在子宮頸變短前早期發現，成功靠緊急環紮手術安胎到足月。

值得一提的是，很多鄉野流傳，孕婦肚子用力、便秘、咳嗽會讓胎兒掉出來，據我推測，這些案例很可能就是子宮頸閉鎖不全。因為當子宮頸完全打開，肚子只要稍微出力，胎兒就會毫無預警掉出來。只不過過去產檢未常規檢查子宮頸，無法做診斷，才會被以訛傳訛，過度延伸成只要肚子用力就會導致

早產。事實上，只要子宮頸長度正常，根本不可能因為孕婦稍微用力就早產。

◆ 二、規律宮縮導致的子宮頸變短

這種狀況較常見，且和子宮頸閉鎖不全毫無警訊不同，孕婦通常會出現腹痛、規則宮縮、陰道出血等症狀。出現上述情形時，醫師都會檢查子宮頸的長度是否有變短，如果有，早產機率會大幅提高，需要給予安胎藥，有時也會需要把產婦轉診至有新生兒加護病房的醫學中心。相反的，如果僅有宮縮，但子宮頸長度正常，其實早產風險則大幅降低，醫師並不會看到黑影就開槍。

以上兩種狀況雖成因不同，但都極難預防，當然也和提重物、運動、吃所謂刺激性的食物無關。當發現子宮頸變短時，醫師會給予安胎藥物（抑制宮縮、黃體素），並依據個人子宮頸和宮縮的狀況建議產婦減少活動量，也不適合繼續運動。

補充說明一下，子宮頸長度標準的測量模式應採用陰道超音波，且每個人子宮頸長度天生就有差異，除非短於 2.5 公分，才會明顯增加早產風險，須特別留意追蹤。所以診斷的重點應該是有沒有「變」短、子宮頸的內口形狀有無改變、有無打開，而不是單純比長度。也就是說，如果原本子宮頸長度有 4 公分，但因為宮縮不適檢查，發現變成 3 公分，就須特別留意；相反的，如果一直維持 3 公分就不需要特別擔憂。

胎盤剝離

胎盤對於胎兒的重要性，相信在前述的文中大家都可以理解。胎盤是靠著眾多血管附著在子宮的器官，它的功能是提供胎兒氧氣、養分，所以也可把胎盤想成胎兒的鼻子，幫胎兒吸呼。而若在生產前，胎盤大範圍的剝離，等於是將胎兒的鼻子掩住，不讓它呼吸。因此臨床上，若醫師診斷孕婦腹痛出血為胎盤早期剝離，就會安排緊急剖腹產，以免胎兒因窒息而胎死腹中。

胎盤會提早剝離，最常見的原因是子宮強力且持續收縮，或因車禍等外力強力撞擊，導致連結子宮、胎盤的血管破裂。因此胎盤剝離最常見症狀為突然出現的下腹劇痛，伴隨越來越多出血，這種出血的量往往超過月經第二天，有血塊，且持續。

很多孕婦會有疑問，懷孕後每天肚子都在悶、漲、不舒服，到底怎麼判斷是不是胎盤剝離？具體來說，胎盤剝離的腹痛通常是突然出現、疼痛劇烈、子宮摸起來很硬。要是發生在懷孕後期，有些人還會因強烈宮縮導致吸不到氣而過度換氣，也有人痛到站不直，甚至失去意識。這些症狀和正常狀況下子宮在變大時產生的悶痛、抽痛、拉扯感是完全不同的。

當然，也有少部分胎盤剝離的個案症狀並不典型，出血沒有排出而是積在裡面，常是胎動減少來門診急診，藉由超音波才診斷出來。因此，要提醒除了觀察腹痛以外，24 週後觀察胎動也很重要，如果與前一天相比胎動大幅減少或睡前沒胎

動，就得立即就醫。

　　雖然統計上，有抽菸、吸食毒品、控制不良的高血壓等危險因子容易造成胎盤早期剝離，前置胎盤發生胎盤剝離的比例相對也比較高。但其實大部分胎盤剝離也是找不到原因的，難有方法預防。也就是說，隔著肚皮、羊水、子宮，胎兒在裡面的狀況瞬息萬變、即便是超級資深的醫師、極度小心的媽媽也無法完全掌控一切。這就是為何許多婦產科醫師都一再強調，媽媽別太焦慮，只要規則產檢、不菸不酒，做自己就好。

烏烏跟你說

前置胎盤是什麼？

　　前置胎盤指的是胎盤位置偏向子宮下方、蓋住子宮頸的情況。若這種情況是在懷孕初期、中期，不用太擔心，因為即使胎盤位置較低，也不表示胎盤之後的位置會持續偏低，隨懷孕週數變大、子宮下段逐漸拉長，胎盤的相對位置也會越來越高。等到孕期後期，約 95% 的孕婦，胎盤位置都會逐漸移動至子宮上方的區域，也就是說，就算懷孕中期被診斷前置胎盤，仍有很高的機率最終不是。

　　因此，26 週前關注胎盤是否前置並沒有太大的意義，懷孕初期、中期只要沒出血，就算胎盤位置偏下方，仍可維持正常生活。更何況這時的子宮壁相對較厚，也較少因收縮造成出血，所以仍可安心從事各種活動或運動。

　　而且會不會前置胎盤是由一開始胎盤附著的位置決定，無法用外力改變，就算孕婦一直臥床、使用托腹帶、做膝胸臥式等也無法改變胎盤位置，若為此小心翼翼什麼都不做，未免太可惜了。

　　但若是到了懷孕後期，胎盤位置仍偏低，由於拉長的下段子宮肌肉層會變得較薄，胎盤附著相對不穩定，很容易因宮縮牽扯到血管，造成胎盤血管破裂而出血，甚至是胎盤剝離。因此，像是運動、內診或性行為等會刺激到子宮頸的動作，就要

盡量避免，以降低產前大出血之風險。（提醒！不分週數，不管有無被診斷前置胎盤，只要有陰道出血的狀況皆需盡速釐清出血的原因，且暫停運動。）

一般來說，醫師會在 30-32 週左右利用超音波再次確認胎盤位置，若仍蓋住子宮頸，為避免進入產程後子宮頸在打開過程中大出血，需要選擇剖腹。

妊娠糖尿病，
也可以是健康生活的契機

　　很多媽媽懷第二胎時都會直接稱讚我：「烏，我覺得妳越來越有人味，變得更溫柔同理人了！」每次聽到，我都會大方地說：「對啊！和孕婦混在一起久了，我也覺得我更有母性。」玩笑歸玩笑，但我真的是在診間一點一滴學習如何傾聽孕婦、媽媽的煩惱，溫柔溝通、正向衛教的。

　　還記得剛當主治醫師時，有孕婦檢查出妊娠糖尿病，我都會板起臉、連環炮的開始耳提面命：「血糖怎麼這麼高？到底吃了什麼、有沒有在運動？」、「是不是飲料喝太多？水果妳吃幾份？三餐都外食嗎？」、「懷孕時血糖高可能會生出巨嬰，生產時受傷的比例也較高，新生兒會低血糖，而且，沒有控制好，妳以後也可能變成糖尿病耶！」

　　直到有一次，營養師和我説有位妊娠糖尿病的媽媽被連串問題轟炸，一時慌亂不知所措，又擔心胎兒，一出診間就哭了！那天回家路上我重新檢討一番，有時候孕婦的焦慮跟擔心真的比一般人更多，還是得先和媽媽説「好消息」，並且更溫柔正向：「啊！血糖有點高喔，我們聊一下妳平時三餐都吃什麼，

還是最近忙著試吃彌月蛋糕？」畢竟對孕婦而言，孕期的每個檢驗都像在被評比。

妊娠糖尿病，可靠運動和飲食改善

好消息是，其實與一般糖尿病不同，9 成以上的妊娠糖尿病，靠著飲食和運動，就可獲得良好控制，日後變成糖尿病的機率也會大幅下降。

不過，對於一般糖尿病患，醫師常建議要搭配減重來幫助血糖控制，但孕婦要提供胎兒成長需要的養分，不適合減肥，每日也需要比孕前增加約 300 卡的熱量。因此，飲食的關鍵是提升品質，絕非降低熱量。只要把握以下幾個重點，作法也沒想的那麼難。

◆ **重點 1：澱粉還是要吃，但要限量。**

糖尿病人應嚴格限制澱粉、尤其不能吃飯？講到控血糖，大家總把碳水化合物視為頭號戰犯，但這觀念並不適用妊娠糖尿病。因為胎兒養分主要是來自母體的糖分，因此孕期熱量來源，碳水化合物比重需佔 40％，而且採用生酮或低碳水化合物的飲食法，體內產生的大量酮體反而會影響胎兒神經發育。其實，愛好澱粉的孕婦不必這麼苦，只要將碳水化合物的種類換成非加工、少精緻、低 GI 的全穀雜糧即可。

一般來說，孕婦一日的熱量需求約 1,800 卡，以 40％的

碳水化合物換算下來，一整天大約要 720 卡（約 12 份）的碳水化合物。為避免低血糖，可以將需求平均分配到一日三餐和午點宵夜。建議早餐 3 份、午餐和晚餐各 4 份、午後點心和宵夜 1 份。

比如 1 碗糙米飯、全穀飯、白飯、2 片白吐司或 1 顆饅頭，就等於 4 份碳水化合物。八分滿的水果 1 碗、240 毫升的牛奶或 120 毫升的優酪乳，大約相當於 1 份碳水化合物，可自由搭配。

此外，記得要避開麵包、蛋糕，這些精緻澱粉含糖量高，吃一小片就很容易讓碳水化合物超標，也要注意有些澱粉主食隱藏許多空熱量，例如飯糰要加很多油才能捏成形，而且用的是高 GI 的糯米，炒飯、炒麵、鐵板麵的醬汁通常也會添加多餘的糖和油脂。

◆ **重點 2：選對蔬菜、水果，有益健康。**

很多人聽說懷孕多吃水果小孩皮膚會變好，但其實小孩的膚質和孕期飲食毫無關聯，就像吃珍珠粉不會變白，媽媽吃太多醬油小孩也不會變黑一樣。而且，吃太多水果反而會讓孕期血糖難控制，因為水果雖富含維他命 C 和膳食纖維，但含糖量也不少，所以千萬不要認為水果很健康就可以狂吃不限制。

我建議妊娠糖尿病的孕婦每日水果攝取量為 2 份以內（約兩個拳頭大），並盡量選擇低 GI 的水果，例如：蘋果、番茄、葡萄柚、芭樂。

另外，雖然蔬菜是孕期重要營養來源，含豐富的葉酸、葉黃素、其他植化素，但要注意有些看起來像是蔬菜的根莖類料理，其實根本算是碳水化合物，如馬鈴薯燉肉、玉米濃湯、炒南瓜等等。

◆ 重點 3：避免酸辣、重鹹食物，易讓血糖飆高。

試吃的彌月蛋糕，以及與好姐妹的下午茶點心，這些精製糖顯而易見，容易避免，但魔鬼藏在細節裡，有些吃起來沒有很甜的食物，也可能隱藏許多糖。比如糖醋排骨、紅燒牛腩、炸豬排、泰式酸辣魚、番茄炒蛋，為了增加食物色香味，都會添加砂糖、麵包粉，讓血糖飆升。

因此，建議妊娠糖尿病的孕婦吃正餐時，尤其是蛋、肉等蛋白質，要盡量選清蒸、汆燙、乾煎，調味則以鹽、胡椒、蔥蒜等天然辛香為主的菜色。

◆ 重點 4：三餐飯後量血糖，學會飲食控制。

另外，我會建議妊娠糖尿病的孕婦居家自我測量血糖，除了早起的空腹血糖值，藉由三餐飯後的血糖搭配飲食記錄，也可看出哪些食物會讓血糖升高（每個人會不太一樣）。藉由自我監測與記錄，一次次修正，飲食控制就會越來越到位。

血糖測量目標為：

· 空腹：≦ 95mg/dl

· 飯後一小時：≦ 140mg/dl

・飯後兩小時：≦ 120mg/dl

（飯後測量時間點，擇一即可）

◆ **重點 5：牛奶、無糖豆漿，取代含糖飲料。**

不管是微糖、少糖或半糖，市面上手搖飲料只要喝 1 杯，血糖就容易爆表。但我理解含糖飲料是許多人的紓壓良伴，嚴格限制反而更不易做到。建議不用太急，可以從 1 天 1 杯，變成 1 天半杯、3 天 1 杯，漸進成 1 週 1 杯，或以牛奶、無糖豆漿、添加檸檬片的氣泡水來替換手搖飲料，還可兼顧鈣質、蛋白質攝取。

特別提醒，有些「媽媽奶粉」標榜添加眾多重要營養素，但為了口感也同時會添加許多糖，同樣要視為比較有營養的含糖飲料，有妊娠糖尿病的孕婦應該避免。

◆ **重點 6：規律運動，控制血糖效果好。**

大家都知道，規律運動對於血糖控制有極大幫助，可是懷孕了該怎麼動？尤其到檢測妊娠糖尿病的階段，孕婦們多已大腹便便，隨便動一下就滿身大汗、氣喘吁吁。

和飲食控制一樣道理，運動也要循序漸進、少量多餐。我建議從每日快走開始，整週都能做到後，再逐步增加其他運動或增加單次時間。為避免低血糖發生，單次運動若超過 1 小時要記得水分與熱量補充。

另外，肌力訓練對於提升胰島素敏感性的效果更好，當然

建議妊娠糖尿病的孕婦可以進行規律的肌力訓練，但懷孕中後期因為體重增加、重心改變，訓練上較容易因姿勢錯誤而導致運動傷害，最好請專業教練指導。

最後，我想說的是，妊娠糖尿病，對孕婦是個危機，但也可以是健康生活的契機。很多孕婦在血糖控制、做飲食記錄的同時，慢慢地了解各種食材的特性、找回食物的主導權，也因為自己準備健康餐點，意外的讓先生、家人的血脂、血糖甚至是體重也跟著下降了。

所以讓我們一起樂觀積極去看待它、處理它，讓它變成強化媽媽甚至一家健康生活的機會吧！

流產，不少見，但絕對不是誰的錯

　　流產帶給女性的心理創傷往往很深很久，即使周遭的人給予無限支持，當事人總還是難免自我責怪。這可能和台灣社會對於「懷孕」這件事，長久以來習慣報喜不報憂，甚至衍伸出3個月內不能說的迷思有關，負責孕婦手冊的單位甚至為了擔心「觸霉頭」，也不曾將流產的可能性納入。

　　但，不要寫、不要提，流產就不會發生嗎？

　　這當然不可能。避而不談的結果，只會讓有流產經驗的女性更孤單，認定是自己的錯。而沒有說清楚的結果，也讓語意含糊的修辭繼續被沿用，比如說：3個月內胚胎「不穩定」、沒有「留住」或「保住」胎兒、把子宮「照顧好」下次就不會了！

　　我想強調的是，從醫學的角度來看，胚胎如果不正常，準媽媽該怎麼「保」？又如何「留」？胚胎如果萎縮，臥床打安胎針也不可能「穩定」啊！至於子宮更不需要「特別照顧」，才能讓胚胎著床！這些乍聽之下有道理的習慣用語，其實會一再讓流產的女性認為是自己沒做什麼、做錯什麼才會導致不好的結果。

　　這也就是為什麼，決定寫這本書時，第一時間我就決定一

定要將流產這個主題納入。每次的孕力講座我也總堅持花一些時間重複說明「流產不少見，而且絕對不是誰的錯」，因為有些傷痛不談只會更痛，照顧孕產婦的同時，流產過的女性也不能被遺忘。

早期流產

「我們可以追蹤看看，但還是要做好最壞的心理準備。」

「胚胎看起來不太健康，這個結果絕對不是妳做錯什麼。」

眼前的女性有多自我懷疑，我就會多堅定。

這些話，其實是所有產科醫師的日常。因為流產比想像中常見，統計上懷孕 3 個月內發生的比例最高可達四分之一，流產，本身就是驗到兩條線後一種可能。

而造成流產最常見的原因是胚胎本身不健康（例如：染色體異常、基因缺失），導致萎縮或胚胎無法著床，和女性的食衣住行一點關係都沒有！也就是說，鄉野網路流傳所有流產「可能」的原因，例如：吃「錯」食物、喝冰水、穿太少著涼冷到、和家人吵架、搬重物動到胎氣、被朋友拍到肩膀、嚇到等等等，全部都是無稽之談，毫無科學根據。

如果在產檢中發現心跳並未在照到胚囊後 2-3 週出現，或是領了孕婦手冊後胚胎心跳停止，基本上就可以診斷流產。甚至有時候尚未檢查出萎縮或沒心跳，胚胎就已經被子宮排出，

這種狀況並不是延誤就醫，而是自然流產其中一種現象，就算早一點看到，也沒有任何特效藥或方法可以避免流產的發生。

雖然直白的說明有點殘忍，但該老實的就不能迂迴，面對這些狀況，等待的目的在於留空間和時間讓當事者和伴侶一起接受這樣的結果。

若追蹤的過程中（通常是1個月內）胚胎沒有主動排出，接下就要考慮吃子宮收縮藥幫助排出，或選擇流產手術。

以統計數據來看，如果陰道已經出血、超音波下已經看到胚胎被擠壓變形，就可吃藥物幫助胚胎排出；反之若沒有出血，藥物流產失敗機率就會高一些，則可考慮直接手術。

當然，當事者個人的狀況，好比很害怕手術、會害怕吃藥出血自己不知該怎麼處理等等，也是選擇哪種方式的重要依據，都可主動提出與醫師討論。

可以放心的是，不管選擇哪種方式，風險都極低，不會影響日後受孕。

在傳統觀念中，會認為流產就好像是把未成熟的果實強行摘離樹幹，對子宮會產生傷害，如果不好好補身體，還可能影響日後懷孕的可能性。這樣的說法並不正確，雖說流產後的心理創傷極難平復，但身體上的耗損並不大。不管是手術或自然流產，都和生理期極為類似，出血很少超過 50c.c.。也因為懷孕週數較小，子宮沒變大，因此下腹悶痛的感覺通常不明顯，更不需要臥床或限制活動，如果想要馬上跑步、重訓，或是來

一趟療癒身心的小旅行都沒有問題，完全沒有傷子宮的可能性。

若想花錢訂小產餐，我認為可視為一種吃大餐安慰自己、撫平低落情緒的選擇，伴侶親友可能會更能察覺流產女性需要關照與陪伴的情緒，並無不可。但如果吃不習慣，或不希望多一項經濟負荷，也不用覺得沒吃小產餐會影響復原，旁人更不該給予一堆食物限制（例如不能吃涼性食物、不能吃辣……）。簡單來說，流產後的飲食需求，以當事人偏好、習慣最重要，小酌一杯又有何不可。

晚期流產

「抱在手上的最踏實」是以前一個產科老前輩的口頭禪，這句話聽起來有點暗黑、有點嚇人，但講的很實在，因為生命無常，是在「生」之前就存在的事實，生命開始前，每一刻都有變數。而這也就是為什麼，在產檢的過程中，我總是在意準媽媽多一點。

相較起早期流產率，晚期流產（大於 12 週，小於 20 週）、胎死腹中發生率極低（約千分之五），但再少還是有可能發生，尤其胎兒停止心跳那時，可能染色體、高層次超音波檢查的結果都已確認正常，準媽媽早已感受到胎動，伴侶也一起透過立體超音波好幾次看到他／她的臉龐。雖說悲傷不能量化比較，但我相信帶來的創傷很可能更強烈。

　　這時由於懷孕週數比較大，無法藉由手術流產，只得靠女生的力量將胎兒分娩出來，在這個出生與死亡同時發生的瞬間，總有人眼淚跟情緒一起潰堤，再有經驗的產科醫師也很難給剛好的安慰。

　　如果心痛很難彌平，那至少應借助醫療，使用減痛分娩的技術讓身體的痛緩解。也因為週數大，身體的泌乳激素較高，產後可能會有乳汁的分泌，因此我會建議服用退奶藥，避免脹奶疼痛。另外，這個過程中的出血可能比早期流產多，會陰也可能會有傷口，子宮收縮的感覺比起生理期也更強烈，但只要依照一般傷口照顧原則（可參考產後篇）即可，並不需要足不出戶，也不用特別遵守傳統坐月子的禁忌，因為不管這段時間做了什麼，都不大會影響日後懷孕與健康。

　　我也私心建議，未必需要入住月子中心，因為內部人員很可能在不清楚的狀況下，直接稱呼女性「媽媽」或詢問小孩在哪？而隔著嬰兒室看到其他嬰兒臉龐、聽到哭聲時，也很可能會讓流產的女性情緒崩潰。

　　其實，相較於身體的傷口總會恢復，負面情緒如果不去釐清，就可能長久延續下去，進而增加日後對身體的焦慮、喪失信心。如果身邊伴侶與朋友無法藉由傾聽陪伴舒緩妳的傷痛，我認為必要時也該尋求心理諮商的協助。

　　為什麼會這樣？明明上次產檢還好好的？為什麼是我？是做錯了什麼事嗎？這可能是發自內心的疑惑，也可能是旁人不

經意的提問。

　　但晚期流產和早期流產一樣，和女性的食衣住行無關。我要再次承認醫療有其極限，就和新生兒猝死一樣，即使做了解剖、最新一代的染色體基因檢查，仍可能找不出原因。至於大家耳熟能詳的「臍帶繞頸」導致意外，我認為只是順著習慣找一個大家可接受的說法，畢竟胎兒在腹中並不是靠脖子呼吸，生產時臍帶繞頸的比例高達三分之一，但也沒有任何統計研究顯示會增加胎死腹中的機率。

　　想找到答案、尋求解釋、避免憾事再次發生，是人遇到意外時極為正常的反應。只不過當科學找不到合理解釋時，這樣的心情往往會把自己逼到角落。難過、失落、不甘心……，這些也是極為正常的情緒反應，慢慢地靠自己、靠身邊的力量，或是靠著理解其他人的經驗，我希望能陪著這些女性把傷痛包紮起來，繼續往前走。這一切不容易，但我相信，一路上會很有越來越多人陪著妳，我也會繼續陪著妳們一起努力。

面對流產，更要溫柔對待

　　「親近的朋友流產了，我該怎麼安慰她？」

　　「太太流產後一直哭，我講什麼都錯。」

　　說實在的，這真的相當困難。醫學院的課程雖然有癌症病情告知、安寧照護，卻沒有針對流產後的哀傷特別著墨，在產科門診 90%的時間都是充滿喜悅，伴隨有胎兒砰砰砰的心跳、

3D 立體超音波、彌月蛋糕，夾雜大寶哭鬧的歡愉。若場景一下跳到流產的哀傷，就連醫師都有可能因為情緒轉換不過來而說錯話。例如我就曾聽過同事脫口一句：「流產就是運氣不好，可以去拜拜！」雖然流產確實和機率有關，但沒有足夠的同理與說明，這句話讓他被投訴「怪力亂神，不夠科學」。我也曾因為建議流產女性：「媽媽保持平常心就好。」而被抱怨：「我還沒生小孩，不要叫我媽媽，而且流產我哪可能平常心，是不是醫師看太多所以麻木了！」

在那之後，我主動詢問熟識且有流產經驗的人希望怎樣被安慰，才發現就好像失戀、生病、家人過世一樣，悲傷發生時，每個人需要的安慰都不同。有人認定流產就是胚胎不正常，身體自然的淘汰機制，自己靜一靜即可，別人講太多反而很尷尬；相反的，也有人認為流掉的胚胎等於自己未出世的孩子，希望家人、伴侶盡可能陪在身旁，陪著她一起難過一起哭。

不過，會讓流產女性更難過的安慰都大同小異，以下分享是希望大家可以避免的：

◆ 勿不斷提出質疑，加深女性罪惡感

很多人聽到身邊的人流產，當下不知道如何安慰，或自己無法理解時，往往以一連串的提問代替安慰：「醫師有說為什麼嗎？」、「是不是哪裡沒注意到才會這樣？」、「是太晚就醫耽誤了嗎？」、「怎麼可能，醫師會不會看錯？」這些問句都暗藏了關於流產的迷思——流產是可預防且應被檢討。

再強調一次，流產的原因大多是胚胎發育萎縮、發育不正常無法順利著床，和女性多「小心」或多「注意」無關。即使在流產或心跳停止的當下立刻就醫，也沒有特效藥可以改變結果，因此沒有延誤就醫的可能。

當流產女性處於混亂複雜的心緒，面對這連珠炮似的提問很容易啞口無言，更容易加深罪惡感，認定流產都是自己造成、沒資格傷心、不值得被溫柔對待，真的會加深那種孤單無助、有苦說不出的悲痛。

◆ 勿刻意淡化哀傷、頻頻催生

有很多人認為流產就像失戀時快點進入下一段戀情就會不再難過，所以會強調「別難過，趕快懷孕，把寶寶生回來。」、「再懷孕就會忘記啦！」、「生下一胎就會好了！」但是失戀分手都會藕斷絲連了，更何況流產這種面對失去的經驗！而且，對很多女性來說，每次懷孕的感受都不同，不是人人都可以很快的淡化哀傷，我就曾遇過女性流產後又順利生下 2、3 個孩子，但想到流產的經驗仍會流下眼淚，哀傷並沒有消失。甚至有人在自己女兒懷孕時，還回憶起當年流產的往事，重提埋藏在心深處的傷痛，深怕女兒遭遇一樣的狀況。這些都是很個人化的心理經歷，無法一概而論。

此外，就生理上的狀況來說，雖然流產後的第一次排卵即可受孕，但未必每個女性都想馬上再歷經一次懷孕。我遇過有人被孕吐嚇到暫時不想再懷孕；也有人驗到兩條線後，才驚覺

自己並沒有那麼想當媽媽；更極端的例子也曾有女性仍沉浸在流產的傷痛中，對身體喪失信心，害怕又要被迫面臨失去，主動要求終止妊娠。

因此，流產後何時開始備孕，應該完全取決於女性本人的意願。旁人一味催生有時只會讓女性倍感壓力，認為得靠再次懷孕證明自己「沒問題」。但流產並非失敗，也不是誰能力不足，有時候單純只是機率的問題，所以建議千萬別用催生來代替安慰了。

人工流產手術怎麼做？

靜脈麻醉（和無痛腸胃鏡的麻醉方式相同），再利用真空吸引將胚胎組織吸出，過程約需 10 幾分鐘。術後等麻藥退，觀察 1-2 個小時，即可回家休息。術後出血伴隨腹痛通常持續 1 週左右，這段時間不需要特別休息、臥床，可維持正常的生活，也就是說如果沒特別不舒服，術後 1-2 天就可以恢復運動。

手術需要同時檢查取出的胚胎組織的染色體與基因，或做任何身體檢查嗎？

不是不行，但做之前還是要了解檢查有其限制。首先，每一次懷孕都是單一事件，即使這次染色體有異常也不代表下次會；再者，不是每種基因異常都可診斷出來，有時候做了也找不出答案。

比起檢驗胚胎檢查染色體，檢查伴侶雙方的染色體更有意義，可排除平衡性轉位的問題（本人染色體正常，但因轉位會製造出異常染色體的精卵細胞）。另外少部份流產的原因是子宮，例如子宮中隔、子宮腔內的肌瘤，假使胚胎剛好著床在中隔、肌瘤，就有可能著床失敗，建議先手術再嘗試懷孕。如果

這不是第一次流產，則可抽血排除自體免疫疾病。不過還是要強調，絕大多數流產都是胚胎本身不健康，即使做了上述完整的檢查，仍可能找不出確切的原因。

流產後何時可以再嘗試懷孕？需要休息嗎？

先說結論，不需要特別休息，只要伴侶心情同步調適好，女性沒有陰道出血，即可以同房不需要避孕。過去曾有流產後 3 個月後才可以嘗試懷孕的說法，其實是毫無科學根據的。因為流產後剝落的子宮內膜和一般生理期差不多，對子宮也沒有特殊傷害。只要體內賀爾蒙回到懷孕前的狀態，卵子就會開始成熟排出，這時就有受孕的可能性，在門診確實也有人流產後，下一次月經還沒來就又懷孕了。

Part 3

懷孕後期與生產

關於生產，做好準備，妳是有選擇的。

美好的生產不僅是母嬰均安

「自己把小孩生下來是我覺得我這輩子做過最厲害的事了。」

「剖腹產真的很快、很輕鬆！」

「雖然待產轉剖腹，被其他人覺得很倒楣，但我一點都不覺得我很可憐，因為過程中我是被照顧、被協助的，比起其他人，我體驗到更多！」

每當產後回診，媽媽們雀躍地和我分享生產心得時，我總會在心中大聲吶喊：

「對，這就是最完美的生產！才不管妳是剖腹產、自然產呢。」

其實，隨著醫療進步，美好的生產當然不僅是希望母嬰均安，也不侷限於選擇生產方式，或是單純決定要不要施打無痛分娩、剪會陰等等，而是在生產過程中，以女性為主體，尊重產婦的感受與意見。

在整個過程中，產婦與醫師在互相的基礎下，合作把寶寶

生出來，共同承擔風險。媽媽能感受到身體的力量與神奇，雖然痛，但由於被同理了，所以心裡不會苦，也因此在未知的過程中，有溫暖地陪伴而不孤單。這就是我認為最美好的生產。

而所謂尊重產婦的感受與意見，指的是醫師能盡力解釋生產的流程與不可避的風險，產婦能理解醫療介入與否的利弊，且在做出每個決定前雙方能有充分的討論，例如要不要催生、打無痛、使用真空吸引等等。

所以，除了信任的醫師和生產地點外，提前全盤掌握生產相關資訊當然同樣重要，接下來，我會就生產的關鍵字做說明，讓大家預先知道生產到底是什麼樣的過程？將經歷哪些？希望能幫助產婦理解之後，做出屬於自己的決定。

伴侶可以這麼做！

　　越靠近預產期，想必你的心情也越來越複雜吧！是否一方面很興奮終於可以看到嬰兒的臉龐，但又焦慮擔心孩子是否健康？另一方面也想知道親密伴侶能否平安順產，自己到底可不可以勝任爸爸這個角色？甚至有點慌張、不知所措、想逃避，負面情緒好像比正面的強烈。

　　給你一點小建議，在這段時間你可以試著盡量讓自己對生產這件事「有貢獻」，也就是搞定在能力範圍所及內可做的各種雜事，舉例來說：先想好家裡到醫院的交通方式、再次確認月子中心或月嫂、聯繫臍帶血業務、準備嬰兒車和待產包、安排入院時大寶要何去何從，以及花一點時間多閱讀這本書的最後兩章。讓自己有事做、有點忙，就會少一點焦慮。

　　而這段時間也是伴侶之間調整頻率和生活步調的一個小測驗。我曾聽過有些太太只是稍微腰痠，先生就大驚小怪，搞得她更緊張；相反的，也有太太說自己都已經破水了！先生還不疾不徐坐在馬桶上玩手遊，說大完便才要送她去醫院。也難怪很多伴侶在最後幾次產檢，常常在診間就毫不掩飾的開始口角、冷戰。

　　其實，新生命即將要融入兩人世界，會有爭執在所難免，我相信只要有愛、有意願，每對伴侶都會找到最適合彼此的溝

通方法。當你和太太一起度過這個階段，感情一定會升溫。畢竟接下來的育兒生活，得溝通磨合之處只會更多，逃避不但沒用，還可能會讓問題更嚴重。

最後還是要溫馨提醒，別把焦慮不安的情緒以「唱衰」的方式轉嫁給孕婦，比如「妳這樣看起來生的時候一定會吃全餐吧！」、「妳運動不足，我看妳最後可能會不知道怎麼用力。」試想，今天一個選手要上場比賽，親友團、隊友會恐嚇選手一定會被淘汰或是會失敗嗎？更何況生產也不是比賽，沒有人會是輸家的，多用正向跟鼓勵的方式面對吧！

產兆：真宮縮、破水、落紅

　　或許是生在計程車上、家裡的新聞總被重複放送，或許是肚子變大後的下墜感，加上胎頭往下鑽的痠痛，總讓孕婦到了後期徹夜難眠又焦慮。接近足月時，不少孕婦總是擔心會不會自己肚子一用力，孩子就生在馬桶；或者半夜睡一睡，肚子沒感覺又不知道痛，孩子就生在床上。

　　先說好消息：沒有生在醫療場所的急產，雖然令人緊張，但不會增加太多新生兒風險，把孩子擦乾保暖再前往醫院處理傷口及胎盤就好。

　　再說壞消息：生小孩真的沒有那麼輕鬆愜意，除非刻意忽略產兆，強忍疼痛，不然莫名就把孩子生出來的機率極低，媽媽們真的不用太擔心。

　　那什麼是產兆呢？

◆ 真正宮縮

　　最常見的產兆是 3 到 5 分鐘規則的「真正宮縮」。

　　很多孕婦會擔心自己無法分辨什麼是真宮縮，我在門診常開玩笑地說：「如果妳還不知道什麼是真宮縮，那別擔心，妳

一定還沒有出現真正宮縮。」

　　因為和假性宮縮以及月經來時的悶痛不一樣，會讓產婦進入產程的「真」宮縮真的完全不同，產婦會預先知道快要開始收縮，縮起來時會感覺吸不到氣，整個肚子硬得像皮球。簡單說，就是很痛，痛到說不出話。這時候別懷疑，也不要忍耐，待產包拿好，出發吧！

　　另外，還有少部分人的真宮縮是以強烈連續的腰痠表現，因此有時候要相信自己的直覺，感覺和以前不同、怪怪的，還是可以去醫院內診檢查。

　　當然我知道，很多媽媽不敢太早去醫院，是因為擔心檢查後發現子宮頸開指不夠，被「退貨」！我一直認為這是一項很不合理的規定，疼痛是主觀的，如果真的已經很不舒服、走不動，還得奔波於住家與醫院之間，實在太辛苦。我就曾聽許多媽媽無奈表示當初真的疼痛難耐，可是子宮頸不爭氣，去了醫院只有開半指，因此被請回家，結果半夜實在痛到睡不著，隔2小時再去也只開一指，導致整個晚上都在和先生爭執要不要去醫院，抱著肚子上上下下，生產經驗極差。因此，我建議選擇生產地點時，可將待產入院指標納入考量，事先詢問入院標準是很嚴格的一指半，還是只要宮縮難耐不適即可住院。

◆ 破水

　　有些孕婦在密集宮縮前，羊膜腔就先破裂，由於羊水流出後會增加媽媽感染及臍帶脫垂的機率，因此，如果第一時間出

現的產兆是破水，一般會建議產婦直接入院待產，再視宮縮狀況給予催生藥物。

該怎麼分辨是破水還是又水又多的陰道分泌物？

關鍵不是流量大小，也不是流速快慢，而是不會停！

破掉的羊膜腔很像裝滿水的塑膠袋破掉，羊水會像水龍頭沒有關一樣，不管產婦是坐著、躺著、站著，就是流個不停。有些人還會很明確的感受到有個氣球在體內破掉，甚至會聽到體內發生「啵」的一聲。

另外特別說明，「高位破水」是假名詞，破水不分高位、低位，只要是足月破水，產婦九成以上都會很有感，幾乎不會不自知。

◆ 落紅

在宮縮或破水出現前，也有產婦是會先發現俗稱「落紅」的陰道紅色黏液分泌物。會出現類似鼻涕的陰道分泌物，是因為子宮頸在變短軟化的過中扯到微血管，再混合子宮頸黏液所產生。第二胎的媽媽通常在落紅後的 24 時內進入產程，第一胎落差則較大，要視落紅量多寡決定，因此除非落紅量大到像月經，不然只需留意是否出現規則宮縮、破水即可，不需要立即去醫院。

最後要補充的是，根據我 10 多年的產科經驗，孕婦實際肚子有沒有「掉」下來、肚子高低完全無法預估，也沒辦法當

作是不是要生了的徵兆，因為這都會受孕婦身高、腹部肌肉緊實度所影響。

因此當有人和懷孕的妳說：「我看妳肚子還好高，一定不好生。」、「妳肚子好低，小心急產。」這類警告提醒，真的笑笑忽略即可。

催生沒有那麼可怕

但如果接近足月卻完全沒產兆時，一般來說醫師與媽媽就會開始討論是否要催生。而催生真的好嗎？我們先看看實證醫學怎麼說。

2018 年學術界權威《新英格蘭雜誌》發表了一項研究，針對 6000 多名超過 39 週的產婦進行觀察性研究，發現超過 39 週安排催生並不會增加新生兒呼吸道感染、入住加護病房的機會，還會降低剖腹產的比例。

2020 年美國婦產科醫學會的期刊更是擴大研究個案數，納入 60000 多名產婦，得出來的結果也更全面。同樣是超過 39 週的孕婦，催生這一組，剖腹產、新生兒呼吸道感染、住加護病房與新生兒死亡的機率都比較低。

超過 39 週，催生對胎兒有益

所以針對「順應自然，等產兆出現再住院比較好嗎？催生會不會不好？打擾胎兒？」等問題。

根據以上實證醫學簡答，我會回答，催生沒有什麼不好。

如果超過 39 週直接催生還會比等待產兆自然發生來得好。

以醫學角度來看，催生反而是保護胎兒的一種安全的作法。因為靠近預產期，胎兒解胎便、胎盤功能退化、羊水變少的機率會提高，增加待產中胎兒窘迫、胎便吸入症候群等風險。這也就是為什麼大數據顯示，超過預產期生產，各項新生兒併發症比例（呼吸道感染、入住加護病房）會比較高。

所以，「自然」未必真的對胎兒比較好。懷孕超過 39 週的產婦真的可以放心去催生，讓寶寶在預產期前生出來，是對母嬰都安全的作法。

撇開醫療面，在特定狀況下，催生對產婦也有許多好處。例如有些人到了懷孕後期胎動劇烈，半夜頻頻起床尿尿，或肚子撐漲到無法好好睡覺，這時倒不如早一點生產讓媽媽「解脫」。也有家庭會刻意選擇週末催生，在目前陪產假天數極少的狀況下，讓先生能充分利用假日爭取更多產後陪伴的時間。而且，有大寶的家庭，計畫性的催生也讓爸媽能提早安排大寶的去處。

到底怎麼「催」？

至於催生，顧名思義是用藥物來促進生產的發生。最常使用的藥物有兩種，第一是前列腺素的陰道塞劑，用來促使子宮頸軟化，引發宮縮。第二則是靠靜脈點滴注射人工催產素，促使子宮規律收縮。要如何選擇，得看入院時內診檢查的結果，

如果子宮頸尚未軟化則選前者，反之則是後者。

　　大家也別把催生藥物想得太可怕，人工催產素和人體內自行合成的催產素的藥理機轉一樣，也不只有催生一種用途。好比，待產時子宮收縮不規則，或是破水後沒有自發性宮縮，都會使用來促進產程進展，產後也會常規使用以減少大出血。所以說啊！不論是自然陣痛待產、安排時間催生入院，或是選擇剖腹產，都有極高的機率使用此藥物。

破解催生的三大迷思

　　首先，很多人會對於催生比較痛這件事情有恐懼。但其實子宮收縮的疼痛指數是因人而異，跟自然痛還是催生痛無關，會有「比較痛」的錯覺，是因為在無產兆時催生，產婦會突然地開始痛，才有催生比較痛的感受。而且反過來說，催生是計畫性生產，可在疼痛開始前，先放置減痛分娩給藥的軟管，一痛就可加藥，痛的時間其實比較少呢。

　　不過，利用藥物啟動子宮收縮平均要花 3-4 小時，因此整體來說，催生需要花比較長的時間住院等待。

　　第二，雖然實證醫學已經告訴我們，催生反而會降低剖腹產機率，但還是很多人會感覺，催生後容易「吃全餐」，其實這是因為參考比較的對象是完全不同一群人所產生的錯覺。因為若不到 39 週就自然進入產程，胎兒相對比較小，產程當然

比較快又順。拿超過 39 週需要催生的族群來比較，立足點並不公平。如以實證醫學角度來檢視，焦點若放在 39 週後的族群做比較，大型研究均顯示催生組的剖腹產率反而低了 3-4%。

第三，在門診常見建議提前催生的原因是，足月後胎兒停止生長，醫師擔心胎盤功能退化。但另一方面，父母又會焦慮新生兒出生體重低於 2500 公克得住保溫箱，希望可以讓寶寶留在肚子裡再養一下。

我想釐清的是，胎兒出生後是否需要入住保溫箱，關鍵在於呼吸與活力，與體重未必相關。再者，當胎兒生長速度變慢，甚至停滯時，多留在肚子裡體重未必會增加，反而會增加吸入胎便、胎兒窘迫的風險。因此就衍生出「生出來養比較快」的說法。

雖然已有實證醫學數據顯示，催生並沒有不好，但我可以理解孕婦們面臨生產的不確定感和焦慮，難單靠這些理性的分析化解。而且，旁人總會熱心地根據自身經驗給予建議，催生吃全餐的就會把催生講得很不好，催生無痛又順產的就會把生產形容得輕鬆愉快、雲淡風輕。這些差異更是讓孕婦們混亂不安。

還是一句老話，每個女性的子宮、骨盆都不同，胎兒也是獨一無二的個體，親朋好友過往的生產經驗僅供參考，不用過度連結到自己身上，如果真的對催生有疑慮不妨主動和醫師詢

問。因為催生是產婦和醫師均可主動提出的選項，能讓生產更順利、更符合個人需求，大家其實不用過度排斥。最重要的是，在醫病互信、尊重醫師專業與產婦自主權的良好基礎下，互相溝通，一起做出選擇。

產程比你想像得久

「生這麼久，會不會有問題啊！」待產時，有時我會遇到產婦或是其親友提出這樣的困惑。

其實，產程真的比大家想像中來得久！

從規則宮縮到胎盤娩出第一胎平均要 10 幾小時，第二胎平均 7、8 小時。如果是計畫催生入院，那從子宮沒收縮到進入產程，生產時間會更久。舉例來說，第一胎如週六傍晚入院，最常見則是週日中午過後才會生產。反過來說，第二胎的媽媽如果一入院就已經開兩指、胎頭很低，可能 1 小時內就生了！

胎兒監視器與內診是判斷產程的兩樣法寶

待產的時候，監視器的兩條綁帶，上方的能看出宮縮是否規律，當宮縮不夠或太過密集時，可靠點滴和催生藥物調整；下方的則是能看出胎兒心跳是否活潑，有沒有減速，當胎兒心跳不穩時，可能會請媽媽左側臥、給予點滴氧氣。

至於內診，則是醫護人員將手指放進陰道，利用觸覺判斷子宮頸開指速度及胎頭位置，以利觀察產程進展。若檢查發現

胎兒頭躺歪，就有可能請媽媽改變姿勢，在床上翻來翻去，下床坐產球，或是以手指將子宮頸調正，協助胎頭順利下降。

當然，內診不可能完全不痛不痠，但這時最重要的是放輕鬆、深呼吸！一定有助於減緩奇怪的感覺，要是產婦們真的還沒準備好，也可主動和護理人員表示：「我很害怕內診，檢查次數可以少一點嗎？」

生產重點是安全而非速度

我常常告訴大家，產程時間比起母嬰狀況，不是那麼重要。

首先，因為生產的主角是產婦，若她的疼痛有被理解、協助，待產也可以輕鬆的看電視追劇、吃漢堡、睡覺，只要沒有發燒、不會痛，產程久一點並沒有關係。再者，胎兒是獨立個體，他的心跳我們無法控制。只要心跳穩定，大人有耐心一點，產程久一點又何妨？

面對生產，產婦與其伴侶務必要在產前先充分理解，生產最重要的是安全，而不是速度。若要擋住長輩的壓力，簡單回一句：「生產就是需要時間，急也沒有用，小孩生出來我會通知大家。」就好。

補充一點，這也是值班接生制的好處，值班醫師在醫院待命，可以邊看書、滑手機，邊觀察產程，不需要趕回去看門診或處理其他事情。只要媽媽寶寶狀況穩定，根本不用急！

無痛分娩，讓產程更舒適

　　無痛分娩，其原理是利用一根硬針打到下背部的硬脊膜外腔，再從硬針中順勢導入一根軟管給藥，軟管擺放好位置後，硬針就會移除，因此不會影響產婦後續的活動，例如下床走路、坐產球。

　　還要補充的是，嚴格來講，無痛分娩應正名為「減痛」分娩（全名為「硬脊膜外麻醉」），因為這項技術僅能大幅降低疼痛，不是百分之百止痛。

　　這是因為無痛分娩得仰賴麻醉科醫師的技術及產婦姿勢擺位的配合，即使正確操作下，還是有可能因媽媽皮下脂肪厚、脊椎結構變異、醫師經驗不足，仍有少部分產婦因埋管位置不理想，止痛效果不佳，甚至需要調整管路重新施打。此外，又因每個人耐痛程度、神經分布不同，安全藥物劑量的考量下，不見得能讓每個人都全程感到無痛，尤其到了產程最後胎頭較低時，痛感有時又會浮現。

　　所以我認為，即使有了這項技術，非藥物的減痛技巧仍然非常重要，關鍵時刻可輔助使用、並不互斥，比如待產時頻繁地更換姿勢、走動、坐產球、熱水淋浴等。產婦的伴侶也可使

用按摩球協助放鬆、輕撫產婦肌膚，或是一起練習呼吸法，放音樂、影片協助轉移注意力。

使用無痛，別擔心副作用和生產速度

由於下針的位置比較敏感，因此過去很多人認定無痛分娩技術會傷害到「龍骨」（腰椎），將產後腰痠背痛歸咎於施打無痛。但其實這些症狀是因為懷孕時腰椎被子宮、胎兒往前拉，孕婦難以維持脊椎中立的良好姿勢，長期骨盆前傾讓壓力集中在下背所導致，無痛分娩的那根針只是做了代罪羔羊罷了！更何況類似的技術也會使用在其他半身麻醉的手術（剖腹產、痔瘡、下肢骨折），就不曾聽說有類似的情形。

那為何要選在那麼敏感的位置給藥，打點滴不好嗎？那是因為經由靜脈給藥，麻藥會隨著血液循環進入胎盤，影響胎兒，因此無痛分娩、剖腹產，都得藉由硬脊膜外給藥讓藥物集中在局部，避免胎兒受影響。

此外，只要是醫療行為都可能會有併發症和副作用，無痛分娩最常見的有麻藥反應造成的皮膚癢、噁心、血壓降低、頭暈、穿刺時產生血腫，或不慎穿破硬脊膜導致頭痛。但這些副作用，只要調整藥物劑量、平躺休息即可改善，並不會留下後遺症。我們也可在產前靠抽血排除凝血功能異常，並透過諮詢確認孕婦是否對藥物過敏、有無相關脊椎病變等來降低併發症

風險。待產時，也可趁媽媽產痛不明顯時預先將麻醉軟管置入，避免因疼痛不能配合而增加施打困難度。

另外也有部分產後媽媽會因為下半身麻醉後感覺不敏銳，加上骨盆底肌因生產有撕裂傷，而排尿困難，須先置放導尿管，讓膀胱的神經肌肉稍事休息，通常 1-2 天內即可改善。

很多人擔心打了無痛分娩，會拖慢產程因此變成剖腹產。先說結論，數據顯示使用無痛分娩確實會讓產程慢上 1-2 小時，但並不會增加剖腹產比率。

五指全開用力時，確實需要產婦配合子宮收縮才能更有效地將胎頭往下推，因此痛感減弱，產婦可能會抓不到用力的正確時機，導致產程變慢。不過，這時只要藉由伴侶、護理師從旁協助，就可根據宮縮監視器、摸肚子的硬度來提醒產婦用力的時機。

如果仍抓不到感覺，才會需要降低麻醉劑量讓產婦「有感一點」來用力。而且，其實不少產婦施打無痛後，讓原本因疼痛而緊繃的骨盆底肌放鬆，胎頭順利下降，反而加速了產程。

說真的，生產順不順利、產程快不快，還得考慮胎頭的大小、位置、胎心音是否穩定、產婦產道的大小、掌握用力的技巧等等。如果只是為了怕產程變慢而忍痛，實在是有點可惜。畢竟，只要胎兒心跳穩定、產婦不痛，即使產程稍慢也很值得。

剪會陰，有必要？！

不管是在診間或是網路，時不時都會有媽媽詢問我自然生產要不要剪會陰？剪了那一刀真的會造成日後性交疼痛、甚至尿失禁嗎？

搜尋網路也會發現，許多文章提及「剪會陰」這件事都藏了許多怒氣，甚至認定台灣的女人都白挨了這一刀，怎麼可以不生氣！但反過來說，也有很多醫師認為剪會陰也是為了讓生產順利，是為了產婦好，這樣說是對婦產科醫師最沉痛的指控，完全不能接受。

究竟，剪會陰是不是生產過程中必需的醫療行為呢？

生產觀念轉變、減痛普及，剪會陰不再是醫界常規

過去生產一定會剪會陰，是因為早期自然產被定義為純粹的醫療行為，有既定的 SOP：剃毛、灌腸、禁食、連續性的胎心音監控、不可下床活動。子宮頸全開後，就要停止減痛藥物的給予，積極地配合宮縮用力，盡速把胎兒生出來。在痛苦指數爆表的狀態下用力，產婦不免嘶吼扭動，為避免傷口亂裂、

增加出血、影響癒合，醫師就會常規性先執行會陰切開術，好讓傷口裂得平整，後續較容易恢復良好。

這一切流程，在醫師最大、醫師負全責的狀況下，都「沒得商量」，若剛好又遇上胎心音不穩，產婦抓不到用力技巧，基於讓胎兒快點平安出生的考量，醫護人員的口氣也會變得急躁不耐，甚至是有點粗暴。

因此，很多女性在生產的過程中，會覺得自己像任人宰割的一塊肉。那一把刀好像變成醫療權威的象徵，剪去女性的尊嚴。這種流程標準化、醫病溝通不足的狀況，也讓剪會陰成為產婦陰影。

隨著民主轉型、性別運動蓬勃，大家開始對過去標準化的生產流程提出科學的檢視與反思，認知到生產不是生病，女性才是生產的主體，各種醫療介入應該都要「有得商量」或有強烈的醫學證據，不該一味延續過去傳統的作法。

根據統計數據也指出，其他國家會陰切開率皆已下降，剪會陰反而容易裂到肛門，也就是所謂四度裂傷，對癒合未必有好處。因此，就我個人而言，近幾年的作法也慢慢調整，現在除非狀況非常緊急，否則「能不剪就不剪」，而能不剪的關鍵就在於「減痛分娩」與「延遲用力」。

有別於以往子宮頸全開就要馬上用力，現在有減痛分娩的技術做後盾，在胎心音穩定的狀態下，即使產婦子宮頸已全開，我們仍會持續給予減痛藥物。若胎頭還不夠低、媽媽尚未做好

用力的準備，也不會催促產婦盡早用力。雖然產程會稍微延遲，但產婦在做足準備且在「沒那麼痛」的狀態下用力，一來骨盆底肌較能放鬆，二來也較能平靜地配合用力。因此，我觀察到的產婦，即使未執行會陰切開術，大部分情況下傷口都不大且平整，甚至在少數的狀況下可以達到「零」傷口。

當然，還是要平衡報導，有時候不管「剪不剪」都會出現非預期的狀況。我就曾遇過切開會陰、胎頭下降後傷口一路裂到肛門，導致媽媽傷口癒合不良，得重新縫合。也曾因誤判情勢，堅持不剪會陰，結果胎頭下降的力道往內釋放，一路裂到子宮頸，雖說會陰表面沒傷口，卻花了比平時數倍的時間做深部傷口縫合，總出血量也比較多。因此，關於剪不剪會陰，仍不能武斷的說哪一種作法就一定比較好。

剪會陰，不代表就是「不溫柔」

說真的，婦產科醫師期待母嬰均安、傷口越小越好的心情，絕對不會比媽媽們少，但生產真確地存在眾多不可確定的因素，醫師也只能憑著經驗瞬間應變，在過程中難免不符社會期待，甚至被認定為不溫柔。但將是否「剪會陰」視為溫柔生產的指標，甚至將「那一刀」簡化成權威的象徵，太過狹隘。因為懷孕生產這件事有眾多面向，絕非單一個選項或動作就可定義。

當然，這一切都要建立在信任和同理的基礎上，我不敢說

醫師們已經做得很好，但會試著做得更好。如果產婦對「剪會陰」有所疑惑不解，我會鼓勵勇敢地諮詢妳的產檢醫師，充分溝通討論。

另外，要減少撕裂傷，懷孕時規律的運動，如深蹲、凱格爾運動都是很好的方式。當會陰部的傷口張力小、血液循環好，無論是切開或自然裂傷，癒合狀況都會不錯。倒是針對深層的骨盆底肌肉拉傷，產後應盡早恢復活動促進血液循環，才能有效避免癒合時因血流不足產生結痂，進而導致肌肉緊繃甚至性交的疼痛。

那些登上產台的事

「挺腰、屁股不要抬、大腿不要夾。力道要往下，不是往上，手軸懸空，像划船！」

「可是我沒有划過船啊！」

「好啦！那總有便秘過吧？像解硬大便！」

「我懷孕水喝超多，菜吃一堆，也沒便秘過耶！」

當年身為菜鳥醫師的我剛進產房，原本充滿緊張、怕被學長罵的不安情緒，就是在聽到這段對話之後，灰飛煙滅。

而在我累積多年接生經驗後，回想起這段產科醫師與產婦的幽默對話，除了再度會心一笑，也想到或許生產曾經是人類本能，但在演化的過程中我們漸漸喪失了這項本能，但幸好醫療的進步讓生產越來越安全。只不過，當醫療和外力介入更多時，是否也有一些副作用呢？終於躺上產台的產婦，為了順產又需要花費多少心力？這些問題當然不是一時半刻能回答的，答案甚至可以寫一本書。

用不對力也沒關係

　　說真的，生產時得在身體不適下，轉化複雜指令成為動作，當然非常困難啊！而在台灣，過去對於孕婦的身體一直有過度限制（能搭車不要走、能坐不要站、能躺不要坐，稍微蹲下就有路人會大叫這樣不太好）的氣氛下，要在產台上靈活的運用自己的身體和力量，當然更難了。

　　這也就是為何我認為在孕期持續運動，尤其是肌力訓練很重要。藉著一次次的訓練累積對自己身體的控制力、信心，上了產台，生產前的最後一哩路就可以更靈活有力。很多媽媽就和我回饋，生產從調整姿勢、憋氣調呼吸到全身一起出力，像極了硬舉加深蹲。當然，運動真的不光是為了好生而已，這個部份我們會在下一篇聊聊。

　　而產婦用力時，也盡可能放心的往下，大便跟著排出來也非常自然，這就表示力道有用對，千萬不用覺得不好意思，醫師都很習慣。

　　此外，我也建議，當上了產台，如果聽到有人念妳甚至是罵妳不會用力，可以在心裡咒罵他，但盡量別往心裡去，也別責怪自己。請記住，不斷在心裡默念：「最後了！我一定可以，大家都是在幫我，我有點害怕，但是我可以。」就好了。

　　即便用力方式不對也沒關係，因為最後關鍵時刻，需要助妳好孕、一臂之力，護理師可能會在醫師的指示下壓肚子、推

一下寶寶屁股；醫師也可能使用真空吸引器引導胎頭順利娩出。妳只要記住，如果會介意醫療外力，或對這些介入有疑慮，在最後幾次產檢和醫師好好討論即可。

放輕鬆吧！生產本來就不是容易的事

生產過程中，當寶寶頭探出來後，肩膀、軀幹和下肢就會順勢滑出，這時媽媽可能會覺得會陰部卡卡怪怪的，不由自主想抬屁股，耳邊可能會響起醫護人員的聲音說：「屁股不要抬、會夾斷小孩鎖骨！」

這時產婦可以告訴自己：「不要害怕，坐下去、往下放！最痛的都過去了。我好棒！放輕鬆！」

等到寶寶整個生出來，刺激哭、呼吸、斷臍後，妳就可以抱抱孩子，讓寶寶感受妳的體溫。這時醫師會按摩子宮，讓胎盤自然滑出，並開始處理傷口，觀察產後子宮收縮、出血量是否在正常可接受範圍。

整個過程寫來輕鬆，但其實生產本來就不是容易的事，即使做足準備，待產過程中還是可能因胎兒心跳不穩定、胎頭下不來、產程遲滯、破水太久等原因而轉成剖腹產，也就是俗稱的「吃全餐」。

但我希望所有的產婦們千萬別認為這就是失敗或準備不足，因為即使條件類似，每個人的生產經驗仍是獨一無二，生

產是媽媽和寶寶兩個人的事，要面對的課題不盡相同。就好像
登山一樣，做足了準備，但不真的踏出去，永遠不會知道後面
有什麼狀況。

最後請記得，很多人在分享生產經驗時雖立意良善，卻總
抱著「我可以妳一定也行、我不順利妳也好不到哪裡去」的心
態，比如說：妳肚子高催生一定會失敗，不如直接剖腹；我生
很快都不痛啊，何必浪費錢打無痛。這些個人經驗和評論，有
時候並無實際上的幫助，反而平添焦慮與不安。

所以，媽媽們，將這些拋諸腦後吧！建議妳在孕期最後1-2
週，與其上網路爬文越看越緊張，倒不如把握時間追劇、運動、
出門曬曬太陽、洗頭按摩放鬆！

伴侶可以這麼做！

It's final countdown！
你一定想知道，預備陪產的人需要做好什麼準備呢？

首先，要比醫師和孕婦多一點耐心，做好待產可能超過一天一夜的準備。只要胎心音穩定，產婦還想繼續嘗試自然產，就請別成為第一個喊要放棄的人，這不僅會讓產婦失去信心，還會讓你被貼上只想快點看到寶寶，不在乎產婦感受的標籤。

再來，要比孕婦多一點體力，偶爾我會發現，怎麼待產時產婦在陣痛，先生卻在旁邊睡死？！雖然心裡想著，到底是誰比較累？但身為醫師也不好意思多說什麼。因此我想要提醒，你身為伴侶，在孕期和太太一起運動、培養體能非常重要！而且不只陪產需要，產後也得和伴侶接力育兒啊！

另外，即使有減痛分娩，你還是可以錦上添花，使出各種招數轉移產婦注意力，好比放音樂或影片、使用按摩球放鬆產婦的肩頸、輕撫產婦的頭、緊緊握住產婦的手、唱歌給產婦聽、準備各種食物和飲料，總之就是讓產婦覺得她有被好好關照、她的痛苦有人理解。

最後一哩路，我更是鼓勵你進產房陪到底，畢竟伴侶永遠是最產婦熟悉的人，你的存在能給予產婦無限的安全感，讓產

程更順利，而且，參與寶寶出生的第一瞬間是人生中很難得的體驗，你一定不會想錯過！

特別提醒，生產的疼痛可能會把你的親密伴侶變成最熟悉的陌生人，吼叫、失控、哭泣、咒罵……都是極為正常的生理反應。所以事先做好準備，多看幾次生產影片，預先設想萬一遇到各種激烈反應時，該如何安撫伴侶很重要。

切記！莫驚慌，勿指責。你就是最佳的陪產隊友！

運動不只為了更「好生」

面對即將生產，很多孕婦會問：「足月了，多爬樓梯、多深蹲會比較好生嗎？」

其實，如同我前面比喻的，生產就像爬山，也像參加運動賽事，體力需要好幾個月的堆疊累積。但快靠近比賽時，訓練量應該慢慢遞減，而不是靠近賽事才開始練，這樣完全不符合運動科學。我甚至常聽到許多產婦不解地抱怨，懷孕前期被限制行動，到最後 1 個月又被警告：「妳都不多動，這樣會生不出來」，覺得話都是別人在講，苦都是自己在受。

做運動也不一定就好生

從前面篇章我們就一直強調，好不好生的因素有很多，包含產道寬窄、胎兒大小、胎頭是否有卡正、待產時胎兒心跳是否穩定……這些實屬不可控且無法改變的因素。

雖然許多研究顯示規律運動（尤其是肌力訓練）有助於生產，但那也是因為孕婦在整個孕期持續鍛鍊，維持一定肌力與體能，而對自己的身體有自信，骨盆底肌、核心較有力，上了

產台比較知道該如何整合控制自己的力量。

　　但要養成這樣的身體能力需要時間累積，光靠最後1個月才急就章是沒有效果的。假設孕婦前 8 個月都沒運動，最後才挺著大肚子開始拼命爬樓梯，不僅容易喘到頭暈，還可能因為對身體不熟悉、腳抬起來看不到腳趾，而增加跌倒風險。至於深蹲難度更高，也容易因姿勢錯誤，使壓力集中在膝蓋，導致疼痛甚至受傷。

　　過去會認定這些動作可以「助產」，可能是因為爬樓梯時，腳要反覆抬高，大腿屁股都有活動到，一喘又會造成宮縮；深蹲時會拉扯到骨盆底肌，動作模式又和生產接近。因此只要做了這些動作後引發產兆，大家就會把快速進入產程、順產的結果歸咎於多做這些動作。

　　但是到底怎樣算「多做」、「做夠」呢？當然沒有量化標準，因此孕婦做完沒順產，大家就會直覺式地用一句：「啊，那是妳做不夠，不夠勤勞」來回應，使得這個講法永遠不敗。

　　所以結論是，持續訓練運動的媽媽順產的比例當然比較高，恢復也會比較好。但這並不代表完全沒運動的產婦一定「不好生」，或有規律運動一定超「好生」。畢竟生產的變數很多，不是非黑即白的二元説。

才沒有做「錯」運動就不好生這回事

聽到這裡，有些人又會問：「孕婦做『錯』運動會不會反而更難生，還可能會傷到胎兒？」

我想強調的是，孕期運動沒有對錯，只有喜不喜歡、適不適合。就種類來講，只有極少數運動不適合孕婦，例如深潛可能導致潛水夫病、高山越野跑有可能產生高山症。孕期針對運動的各種調整，都是讓準媽媽可以順應自己的生理改變，安心一路「動到生」，並不是有哪些特定動作或運動會傷到胎兒。

所以，以下也要藉機澄清兩大針對孕婦重訓常見的迷思：

◆ **外國孕婦舉了一堆槓鈴在身上，看起來充滿力與美，可能會導致骨盆底周圍的肌肉筋膜收得更緊，無助於順產？**

不正確。以槓鈴為主的肌力訓練，常常能同時訓練骨盆底肌的緊縮與放鬆，並不會讓肌肉更緊繃。而搭配腹式呼吸的深蹲，除了訓練下肢肌群外，骨盆底肌同時也在蹲下時放鬆，站起時收縮，收放之間讓肌肉強壯又柔軟。

再者，骨盆底肌是以紅肌（慢縮肌、耐力型肌肉）為主的小肌肉組合成，和我們的舌頭、面部小肌肉類似，比起其他下肢肌群（臀部、大腿）較不容易過勞，只要訓練時正確呼吸，不刻意一直收縮，鮮少會因訓練導致過度緊繃。

其實相對肌力訓練，不良的日常習慣更容易造成骨盆底肌緊繃發炎，比如時常緊縮小腹、夾屁股、翹二郎腿、三七步，

或長時間穿著高跟鞋，這些狀況都會讓骨盆底肌在不正確的位置持續發力，久而久肌肉當然緊繃發炎。

孕婦舉槓鈴，絕非只為了美觀，而是藉由正確的訓練，讓身體盡可能保持脊椎中立、骨盆不歪斜的良好姿勢，同時強化骨盆底肌和核心的力量，對生產絕對是利大於弊。

◆ **重訓的時候會憋氣、閉住呼吸等，對孕婦的腹部會產生很大的壓力，造成孕婦和胎兒的危險？**

不正確，肚子用力、短時間憋氣都不會造成母嬰危險。

首先，扛重物、咳嗽、便秘等肚子要出力的動作，確實會讓腹內壓暫時上升，但有子宮肌肉層阻隔，子宮腔內的壓力並不會隨著提高，更不可能壓到胎兒。再者，訓練時稍微憋氣用力，並不會改變孕婦血氧濃度以及氧氣在臍帶中的輸送，也就是說，除非孕婦已經呼吸衰竭、生命徵象不穩定，否則胎兒不會受到影響。

不過，懷孕後子宮變大，在運動過程中確實容易喘、頭暈、無力，因此不建議硬拼最大重量，過程中也要隨時保持呼吸，教練有時也會將一般深蹲調整成箱上深蹲，讓孕婦蹲下後，可在箱子上先換氣再完成動作。

最後，我可以很肯定的說，規律運動絕對可以促進健康，不論在孕期和產後都可以讓女性變得更強壯、有自信。所以做運動的目的，真的不是只為了順產而已。有機會順產，僅是孕

期運動千百種好處的其中之一，運動最終還是為了更強壯美好的自己。而將「不好生」、「生很慢」、「生不出來」的原因一股腦推給孕婦沒做或做錯運動，也是偏頗且不科學的觀念。所以，不管妳是否持續運動，生產過程是否因此更順利，都不需要自我懷疑喔。

剖腹產 vs. 自然產
排除醫療因素後，先看個人意願

　　我常比喻，產科醫師在整個懷孕生產的旅程中，就像身為一個嚮導，當然希望媽媽能看見自己最愛的風景，走最愛的路線，但，安全永遠是唯一的底線。

　　所以，對於要不要選擇剖腹產，我的觀點是排除醫療因素之後，先看產婦個人意願。接下來的篇幅，我就會針對大家常選擇剖腹產的原因、迷思，以及常見的風險，做出說明。

剖不剖腹？先聽聽醫師怎麼說

　　首先，自然產的疼痛與不確定性，是女性想選擇剖腹產的主因。不過，現代醫療雖不能百分之百解決生產的疼痛和不確定性問題，但也已能靠著麻醉技術、安排入院催生等方式，大幅減輕這兩種感覺。

　　再來，有些產婦是擔心自然產會導致日後漏尿、子宮下垂、陰道鬆弛，而想選剖腹產。但其實數據顯示，產後半年，不論是自然產或剖腹產，漏尿的機率都一樣高。因為產後漏尿的主

因是骨盆底肌鬆弛，並不是生產的過程。

　　骨盆底肌是人體底部的支撐，當腹部用力、腹內壓上升（例如抱小孩、咳嗽、大笑）而壓到膀胱時，可有力地夾住尿道，避免漏尿。但隨著孕期進程，胎兒重量增加，骨盆底肌群承受的壓力會越來越大，肌肉就像長時間撐開的橡皮筋逐漸彈性疲乏，無法再有效抵抗腹內壓力。因此懷孕次數越多、胎兒體重越重，日後漏尿風險就會越高，跟是否剖腹並無關聯。

　　一般人會有這樣的誤解，是因為自然產時，胎兒從骨盆底肌通過產道娩出，假設胎兒過大或產程過久，就有可能造成骨盆底肌急性撕裂傷，在產後會容易漏尿、頻尿、尿不出來。在產後兩週回診做內診檢查時，我也發現相較於剖腹產的媽媽，自然產的媽媽骨盆底肌控制力道確實較弱。不過，這個差異在滿月後就會慢慢縮小，並非不可逆。

烏烏跟你說

如何預防骨盆底肌鬆弛？

要預防骨盆底肌鬆弛、產後漏尿，最好的方式就是勤做凱格爾運動來強化骨盆底肌群，且要在懷孕初期子宮尚未長大、肌肉還沒被撐鬆時，就開始練習。而不是等傷害發生時，才開始始補救。

除了凱格爾運動，完整的腹式呼吸、橋式，以及正確的自由重量肌力訓練（深蹲、硬舉、臀推），也都可以訓練訓練骨盆底肌群。

此外，傳統坐月子的方式總是建議產婦多躺床、綁肚子，這些陋習都會影響骨盆底肌的血液循環，反而增加腹內壓力，影響肌肉修復，增加日後漏尿風險，真的是不改不行！

剖腹產的風險

剖腹產時，從切開皮膚、撥開肌肉到腹腔切子宮，醫師需要劃開層層組織，因此當然會有部分人留下後遺症。

首先是最外層的皮膚，即使現在縫合技術進步，各種除疤貼片產品推陳出新，仍可能有極少部分的人會有蟹足腫（千分之一）、肥厚性疤痕（4%）產生。

再來，雖然剖腹產沒有切斷肌肉，但仍會破壞腹橫肌的筋膜，因此很多人反應，手術後即使傷口不痛了，核心仍感覺很無力，身體彷彿被斬了一半，上下半身的力量無法連貫，有一種使不上力的感覺。不過這種感覺都只是暫時的，只要循序漸進恢復運動，即使比自然產的女性稍慢，最終也都會變好。

至於大家最擔心的腹腔沾黏，我倒是認為毋須過度煩惱。因為剖腹的傷口沒有感染，再加上手術時間短，又有抗生素與防沾粘技術，相較起其他腹腔手術，剖腹產腹腔沾黏機率較低。

不過，由於剖腹產的最後一刀是畫在子宮的肌肉層，因為子宮血流旺盛，切開的傷口滿月就會癒合。但雖然癒合快，卻會有二到三成的機率，子宮肌肉層的傷口癒合不平整、有凹洞，導致剖腹產後的女性後續生理期來時，經血會先積在洞裡，再隨著肚子用力、震動而分批流出，使得經期拖很長，很多人表示甚至拖超過半個月，但沒停幾天，下次生理期就又來了！這種狀況是所謂的「子宮疤痕憩室」（cesarean scar defect），且目前並不知道什麼族群的子宮容易癒合不良，因

此無法在手術前做出預防，也與醫師技術、有無「坐好月子」無關。雖然可以藉由子宮鏡手術將凹洞剷平，但也頂多只能稍微縮短經期，無法百分之百改善。

綜合以上。在沒有醫療上的原因，如常見的胎位不正、前置胎盤等狀況下，考量到產婦身體恢復較快，也較少後遺症，我會建議女性先考慮自然產。至於腹膜外剖腹產，雖然手術沒有進入腹腔，但相對起傳統剖腹產，腹腔外的位置卻較容易出血，傷及膀胱。因此各有利弊，大家可以和自己的產檢醫師討論。

不論如何，通盤了解利弊後，女性當然有自主選擇生產方式的權利。只是就我觀察，很多人確定選擇剖腹產之後，馬上又會面對質疑：「剖腹產不自然耶，是不是對新生兒會不好？！」

在過去，確實有些研究顯示，自然產的寶寶因為頭和肺部有經過產道擠壓，第一時間呼吸會比較順利，日後也可能比較「聰明」，再加上陰道菌落叢比較多，可降低長大後過敏機率。只不過這些研究目前個案數不多，智商和過敏也絕非單一因素所能影響的，還得考慮父母基因、教育程度、居住環境等變數，因此這些論點並不是醫學上的共識，真的「看看就好」！

簡單說，除非特定的醫療因素，選擇自然產還是剖腹產，最重要的還是產婦的個人意願！

烏烏跟你說

胎位不正一定要剖腹嗎？

「頭過身就過」這句俗諺一點都沒説錯，比例上來講，胎兒的頭確實最大，最難過產道，因此進入產程時，胎頭沒有最接近子宮頸口，反而是手、腳、屁股擋在頭前面，那就有較高的機率發生腳先出來，頭卻卡在子宮內的狀況。因此，在定義上，只要不是胎頭朝下，就是所謂胎位不正，為避免難產，幾乎都會選擇剖腹產。

一般來説，在懷孕 30 週以前，胎位大多會轉來轉去，隨著週數變大，胎兒翻身的機率才會下降。除了少數子宮肌瘤長在子宮頸或是子宮有中隔的個案外，胎位九成以上是胎兒決定的，和媽媽做任何運動或事情無關。也就是説，倒立並不會讓寶寶胎頭無法轉正，孕婦深蹲也不表示胎頭會變低。至於大家廣為流傳的胎位矯正法—膝胸臥式，成功率不如想像中的高，試試看無妨，但如果一做就喘不舒服，產婦也不必勉強自己。

那嘗試外轉術呢？不是不行，但會稍微有風險，尤其是第一胎。因為外轉術隨著剖腹產技術純熟，已漸漸失傳，再加上用外力改變胎位的同時，若第一胎肚皮子宮比較緊，需要的力氣更大，還是存在著胎盤剝離的風險。

綜合以上各種考量，胎位不正的狀況，選擇剖腹產，當然是利大於弊。

Part 4

產後

如果說懷孕生產是未知，
產後又是另一種新的挑戰！

面對產後生理狀態，給點時間吧！

「媽咪，再用力一次，小孩生出來以後就不痛了喔！」、「生出來就沒事了！」在生產的最後關頭，我們都習慣性這樣鼓勵媽媽，但這句話其實只對了一半，胎兒娩出後，宮縮的痛雖大幅緩解，但不表示真的就完全不痛了！當然也不可能完全沒事。

生產是會有傷口的

生產的撕裂傷，胎頭擠壓產道造成會陰部腫脹，都會使得很多媽媽產後坐立難安，走路時只能腳開開的避免壓迫傷口，而且一走快就有明顯的撕裂感，小便時也有如刀割。如果痔瘡又因生產時腹部用力而掉出，還會產生肛門痛、大便不敢用力等狀況，又以待產時間久的媽媽最為明顯。

也有媽媽表示，減痛分娩效果實在太好了，生的時後都不痛，以為可以「無痛」下莊，結果麻藥退去後，下床才發現傷口如此脹痛，再加上生產出血，因此站都站不穩，著實把她嚇了一跳！所以要提醒，產後第一次下床，一定要有人在身旁，

避免因疼痛頭暈而跌倒，伴侶更是要拿出耐心陪伴。因為比起產前，產後的女性因宮縮、傷口疼痛，行動可能更為緩慢，上下樓梯、如廁都需要人協助。

通常這些脹痛不適，在產後前兩天最明顯，24 小時內可冰敷傷口，之後改以溫水坐浴，並以溫開水沖洗傷口，搭配止痛藥、軟便劑、痔瘡藥膏（哺乳皆可使用）。

當然，產婦也有很大的個體差異，有很多人產後第二天就健步如飛，但我還是要再次強調，每個人對疼痛的耐受性不同，妳不需要為了別人很「耐痛」，就「忍痛」。

至於剖腹產的媽媽雖然會陰沒有傷口，但當術後止痛藥移除，也會明顯感受到腹部傷口拉扯與宮縮痛。建議移動或下床時，可使用束腹帶來避免拉扯傷口；咳嗽、大笑、打噴嚏、如廁腹部用力時，也可再用雙手護著肚子減少晃動產生疼痛。

產後的宮縮與惡露

不管是剖腹產或自然產，除了傷口疼痛外，產後子宮的收縮雖然沒有像生產時那麼痛，但撐成西瓜般大的子宮要縮回拳頭大小，收縮的力道仍然很有感，且又以第二胎更明顯。

尤其是，產後子宮復原的另一項指標，就是「惡露」量的多寡。惡露並非「髒血」，不含任何毒素，而是胎盤剝離後子宮內壁截斷的血管產生的血球組織和子宮內膜。

產後，子宮會慢慢收縮、變小回到骨盆腔，這個收縮的力

量一方面可幫助惡露的排出；一方面也可透過收縮，達到止血的效果。因此，觀察惡露排出的量，可間接反映子宮收縮的狀況。

胎盤分娩出來後，醫師通常會使用子宮收縮劑、子宮按摩等來加強宮縮。因為如果惡露排得太慢積在子宮腔內，反而會影響子宮收縮能力，惡性循環下，可能使得胎盤剝離後的出血面無法收縮止血，造成產後大出血。

很多媽媽會注意到出院後，惡露量反而變多，以為自己亂動傷到子宮。其實，隨子宮收縮、內膜血管萎縮的過程，惡露本來就會不斷地製造、排出，當妳的疼痛減輕、活動量變大、站立時間變久，惡露就會順著地心引力流出來；再加上餵奶時，體內泌乳激素升高會促進子宮收縮，除了腹部悶痛，出血量也會相對增加。所以排惡露的狀況會持續到產後 6 週，並非一次就排完了，這是很正常的現象。

這個時期，飲食方面除了要避開明顯會影響子宮收縮的人參之外，其他影響並不大。而想知道惡露或胎盤組織有沒有排乾淨，可利用超音波來判斷，絕對不是量越多越乾淨。一般來說，生產後的 3-4 天，惡露呈鮮紅色，有血塊、膜狀組織都很正常；2-3 週後，惡露的顏色慢慢轉成淡粉、咖啡色；約 6 週後，惡露就會漸漸停止。

烏烏跟你說

需要喝生化湯幫助惡露排出嗎？

以現代醫學的觀點來看，並不需要。過去大家無法透過超音波得知惡露是否排乾淨，許多人甚至認為惡露是積在子宮內9個多月的髒血，排出的量越多，代表髒污清除得越乾淨。也因此，才會想靠著生化湯來幫助惡露的排出。

標準的生化湯主要為當歸、川芎、桃仁、炮薑、炙甘草，而各家配方、劑量稍有不同，也另有其他加減的處方如紅花、澤蘭。而服用生化湯的目的，不外乎是幫助排出惡露、補血養氣。

生化湯中的當歸的確可促進子宮收縮、幫助惡露排出，但其實透過產婦自然的生理機制與現代醫療的輔助，在產後護理階段喝生化湯絕非必要。而如果產婦的子宮收縮功能非常差，光靠生化湯其實效果也有限。再加上當歸同時也有活血、抑制血小板凝集的效果，如果產婦本身凝血功能差不好、血小板數目偏少，就有可能造成惡露太多，甚至是產後大出血的狀況。

不過，我也要幫生化湯說句公道話，因為產後大出血最常見的原因還是子宮收縮不良、胎盤沒有完整排出，不見得都跟生化湯有關。只是台灣人習慣在產後10到14天喝生化湯，剛好是「延遲性產後大出血」最常發生的時機，有些產婦剛好喝

完生化湯後合併大出血，就很容易將兩者視為因果關係，讓生化湯成了代罪羔羊。

　　至於補血養氣，以我的觀點，月子飲食只需特別留意營養均衡、補充足夠的蛋白質、鐵質（每日 45mg），只要媽媽本身造血功能正常，自然而然就可以「回血」。如果在懷孕後期就已經發生貧血，或是生產時出血較多，則可以補充鐵劑。

坐月子的意義

從 2021 年新冠肺炎疫情第一次爆發時，某些醫院附設的月子中心臨時被徵召作為專責病房，到 2022 疫情社區爆發，許多產婦因為確診或月子中心臨時清消停業，面臨沒月子中心可去的窘境，又一時之間請不到月嫂，很多人因此擔心月子沒坐好會錯失產後調體質機會，影響往後的身體健康。

我想換角度來談，坐月子的意義其實是讓身體休息恢復，適應多了一個新生命的新生活，坐得好與否、有無遵守禁忌，都跟長遠的身體健康無關。我們可以把坐月子的 1-2 個月看成是生命一小段混亂的日子，並非什麼特殊事件，只要把握以下重點，不管是去月子中心或是居家坐月子，並沒有差別。

◆ 確保惡露排出、傷口恢復及子宮收縮

不論生產模式，產後恢復的重點都是傷口的照顧、觀察是否癒合良好。在月子中心的好處是，會有護理師天天巡房檢查傷口，協助觀察惡露是否過多，有些還會有駐診婦產科醫師供媽媽們諮詢。

不過就算不去月子中心，也無須擔心。因為產後傷口癒合

不良極為罕見，且一般醫療院所會安排產後回診，確認傷口復原。如果是剖腹產，出院時護理師也會指導如何更換敷料、何時可碰水（通常是 2 週以內），因此只要出院時，了解如何照顧、觀察傷口，就算居家也可以坐好月子。

一般來說，出院後 2-3 週左右，會陰部傷口都還會有腫脹、拉扯感，大小便時尿道也還會感到痠漲，產後仍有惡露排出時，建議用溫開水沖洗會陰，同時觀察傷口是否有流膿，突然腫脹。剖腹產的傷口則是滿月前都會刺刺漲漲麻麻，更換敷料時也可注意傷口是否乾淨、沒有滲液。

針對有人擔心月子期間沒有專人按摩子宮、觀察收縮狀況，會影響子宮復原甚至造成臟器位移，我也特別說明。事實上，分娩後子宮收縮回骨盆是一個很自然的過程，通常需要 6 週的時間，有些人快一點，有些人慢一些，但速度快慢不會影響日後健康。另外，懷孕時被子宮變大確實會將腸子推開，但腸子的位置始終在腹腔，從來不曾有位移過，當然也就不會有臟器位移的問題。

大家之所以認為產後按摩很重要，是因為胎兒出生胎盤剝離後，子宮腔內有非常多破裂的血管，得藉由子宮收縮來止血。因此產後 24 小時子宮收縮非常重要，如果子宮摸起來軟軟的，表示收縮很差，可能會造成後續大出血，醫護人員就會用力按壓子宮促進收縮，直到子宮變成像籃球一般硬。

但子宮收縮不良在出院後極少發生，且此時子宮也已經縮

小到按壓不太到的尺寸,所以這時觀察重點應該是後續出血多寡,基本上雖然出血量會因活動量改變,但整體趨勢仍是慢慢變少,如果忽然大出血(一整片夜用衛生棉濕掉)則建議立即回診。

綜合以上,居家坐月子只要特別注意觀察,傷口有異常疼痛、化膿,或是出血量暴增,就立即回診,其實和去月子中心沒什麼不同。

◆ 飲食盡可能餐餐均衡、健康

傳統觀念對坐月子期間的飲食有諸多禁忌,不僅證據力不強,同時也很難執行,好比不能吃寒涼的蔬菜,但要補充高纖維避免便祕,有一長串的退奶食材要避開,有一堆發奶食物要多吃。面對這麼複雜的飲食禁忌,很多產後媽媽只好仰賴特定的月子餐。

不過,月子期間的飲食就是均衡健康飲食即可,簡單以碳水:蛋白質:油脂= 4:3:3 去分配熱量,其實和孕期並無不同,這也是為何我會認定孕期健康飲食非常重要,因為好的飲食習慣可以讓妳在產後無縫接軌,繼續保持健康。

入住月子中心的好處是三餐有人定時送餐,相對較方便。但若家裡有人可以準備產後媽媽平時愛吃的家常菜,又有何不可?就算沒人幫忙料理,外出買飯又分身乏術,現在外送平台的健康餐點的選擇也很多,何嘗不是一個很好的替代方案。

至於月子期間飲食會不會影響到奶量，說真的，母奶量除了個體差異，最有關聯的還是產後媽媽的心情，而不是吃或不吃什麼。因此，月子餐除了營養，當然還是要符合產後媽媽的口味，吃了開心喜歡最重要。所以說，每個人的發奶食材當然也會大不同，相反的，影響退奶的主因絕非食物種類，就算吃到眾所皆知的退奶食材韭菜也不會立刻沒奶！反而是媽媽長期壓力大、心情低落才會影響奶量。

如果產後有哺乳，與其關注吃什麼會發奶跟退奶，不如重視母體營養是否充足，因為母乳裡含的鐵、鈣、蛋白質若因哺育而過度消耗，會造成日後大量落髮、骨質疏鬆，可靠每週吃1-2 次牛肉、每天喝牛奶，或繼續使用孕期綜合維他命補充。

◈ 充分休息，適應育兒生活

充分的休息也是產後恢復重點之一，只不過新生兒的作息可不是大人能掌控，喝奶、排泄、睡覺、哭的循環乍聽單純，但新手爸媽一開始幾乎很難掌握節奏。有時寶寶會忽然能睡過夜，有時候又變成每小時都哭醒，尿布換了、奶也喝了，仍不停。我身邊就有很多人曾開玩笑地抱怨，照顧新生兒根本比值急診、顧加護病房還累。

入住月子中心的好處就是累了可以把新生兒「推」回去，不用在產後立刻面臨 24 小時母嬰同室的情況。不過，我還是會建議在離開月中前提早適應和寶寶睡過夜，避免返家後適應不良。除此之外，也要從頭學習照顧新生兒，比如洗澡、換尿

布、觀察大小便、臍帶護理等，月子中心在這方面就好像提供考前衝刺的補習班，可一步一步指導新手爸媽。

　　如果選擇返家坐月子，產後媽媽除了做好心理準備以外，最好在產前和隊友商量好如何分工，好比輪流和寶寶同房、太太餵奶時先生幫寶寶洗澡、準備餐點做家事等。另外，也可以在出院前再三確認自己熟練臍帶護理、寶寶洗澡，其實現在網路資源豐富，育兒相關影片非常多，爸媽也可在生產前大致瀏覽，避免產後毫無頭緒。

　　另外，針對哺餵母乳，有些月子中心會有配合的泌乳顧問、資深護理師一對一指導技巧，如果遇到塞奶、石頭奶、寶寶吸奶姿勢不正確或和媽媽乳頭不合等狀況時，也有人立即協助。因此若採用居家坐月子計畫，我會建議要立即找泌乳顧問諮詢，一方面可預先了解餵母乳可能遇到的狀況，二方面可在產後遇到問題時，知道找誰尋求協助。針對疫情，現在也有許多線上諮詢的服務，好比大力推廣母乳的毛心潔醫師、鍾秀靈泌乳顧問以及國健署一直都有的哺乳專線（0800-870870）。

　　其實，不管是去月子中心或是居家坐月子，都可以把月子坐「好」，只不過比起去月子中心包套，居家坐月子需要事先做的功課比較多，但卻可省下不少錢，自我掌控感也比較好。各有優缺，就看每個家庭如何選擇。如果不打算請月嫂、長輩、伴侶不方便也無意願協助居家坐月子，也能考慮「大補貼式月嫂」，請臨時的打掃阿姨、叫外賣餐點、多請幾次泌乳顧問，

雖然看似麻煩，但也為自己保留彈性。

　　而且我也建議，如果最後是由長輩協助坐月子，應該在產前針對坐月子的各種細節，包含飲食、作息和生活習慣全部溝通清楚，避免產後引發衝突。我就曾遇過媽媽和我抱怨，婆家堅持坐月子不能出「門」，只能關在小房間，連客廳都不能進，令她後悔不已、婆媳關係瞬間崩壞就算了，產後低潮心情因此久久揮之不去。

　　最後，要特別提醒的是，不管在哪坐月子，當產後傷口不痛，就該下床盡可能保持活動，避免久坐久躺，才能促進血液循環，幫助骨盆底肌恢復，避免四肢產生血栓。另外，產後媽媽也可持續練習凱格爾運動降低日後漏尿、子宮下垂的風險。

　　當育兒的大小事身邊的伴侶能全力合作，而身邊其他人能少用過去坐月子的習慣跟禁忌去檢視食衣住行，產後媽媽自然「神清氣爽」，就是好好坐月子了。

烏烏跟你說

外國人為何不用坐月子呢？因為這樣外國人才老得快嗎？

凱特王妃剛生完馬上抱著新生兒華麗登場時，不少人都曾問過我這個問題！還是要澄清，立刻可以出門亮相，不代表可以馬上回去上班，其實歐美國家產假還遠比台灣來得多。王妃不坐月子可出門亮相，僅代表沒那麼多文化禁忌，而不是指他們忽視產後媽媽的健康，有些國家對於產後婦女關懷的角度其實更多元。例如，法國就有助產師回診，檢查女性產後骨盆底肌恢復狀況，確認肌肉收縮功能，因此統計上法國女性產後漏尿的比例遠低於他國。也有很多國家的公衛護士，不僅會家訪評估媽媽餵奶姿勢，同時會關注媽媽的情緒，判斷是否為產後憂鬱高風險的族群。

假設「老」的定義只是皮膚有沒有彈性、皺紋多不多，那歐美女性確實可能因皮下脂肪厚度、黑色素含量、居住的緯度濕度、抽菸比例等因素在視覺上顯老。不過我認為還有另一點是，比起台灣人，外國女性普遍比較不在意長皺紋、變老，因此對戶外運動、曬太陽接受度較高，好比慾望城市裡飾演凱莉的女明星就曾不避諱的説：「就老了啊！不然我能怎麼辦？！」而且説真的老的定義從來不只有表皮，不是嗎？

坐月子可以洗頭嗎？老了會不會容易頭痛？

當然可以洗頭。之所以會有這種說法是因為洗完頭髮沒吹乾，濕濕的頭皮吹到風，可能因血管收縮引發頭痛。再加上，從初經開始，女性就會因賀爾蒙波動而比男性更容易頭痛，其中又以產後和更年期這兩個時間最明顯。這是因為產後和更年期都會經歷一次劇烈的雌激素濃度變化，因而產生頭痛、情緒低落、無精打采、膝蓋不適等症狀，也因此雖相隔數十年，這些雷同的症狀就很容易讓人聯想是當初月子沒坐好，留下後遺症，才會陰錯陽差演變成坐月子不能洗頭的迷思，也更衍生出坐月子不能哭以免老了眼睛不好，或是不能爬樓梯老了膝蓋會變差等禁忌。

其實，人的健康得靠日常生活點滴累積，產後 1-2 個月就只是一段生活劇烈改變的日子，雖然要克服的事情很多，需要的協助也不少，但並沒有任何特殊性。也就是說，在這段時間做什麼、不做什麼當然不會像變魔術般影響往後的身體狀態。

餵母乳是母嬰共同的選擇

　　這 20 年來，政府和醫療機構對推廣哺育母乳做出極大的努力，母乳好處多的觀念也已深刻烙印在大家心中。但將母乳與母愛綑綁在一起的口號、過度強調母乳不可替代的衛教方式、只重視數據忽略「母親」感受的 KPI，不僅讓許多女性認定餵母乳是唯一選擇，也讓很多人回首母乳之路，總是一滴乳一滴血淚。

　　但是，就好像要不要生孩子、要生幾個孩子一樣，餵母乳應該是很個人化的選擇，所以在產前先釐清要不要餵母乳的原因極為重要。

餵母乳，因為……

　　選擇餵母乳的理由各種各樣，其中最主要的論點就是：母乳很健康，吃母乳長大的孩子比較不會生病，發育得比較好。確實，母乳含有媽媽的抗體，但影響孩子健康的因素實在太多，有時候會不會感冒生病和機率也有關，而新生兒常見的過敏則是和空氣污染有最大的關聯，不能光是以有沒有喝母乳論定，

所以千萬別以此怪罪媽媽，尤其「都餵母乳了，怎麼還一天到晚生病，是不是妳的奶有問題～」、「小孩過敏都是因為妳沒餵母乳。」這些不體貼的話，在產後都可能像針一般刺在媽媽已經漲痛不堪的胸口。

有些人選擇餵母乳則是因為身邊的朋友、長輩都餵母乳，認定自己非餵不可，不然就不是個好媽媽。不可否認的，親餵母乳確實可協助媽媽在新手階段建立母親的身份認同，但我還是想強調，母親的樣貌很多元，媽媽的形象不該被單一事件所框架，母愛更不能量化成母乳量。

另外很多務實的媽媽在產前和我說，配方奶粉實在太貴，母乳又省錢又能省去洗奶瓶的麻煩，感覺很划算。只不過，對瓶餵母乳的媽媽來說，要洗的瓶瓶罐罐反而多，且母乳雖然看似「免費」，但別忘了把自己的花的時間跟心力成本放進去考量啊！

由上述理由可知，其實母乳並不是非餵不可，但也不是勸媽媽們放棄哺餵母乳，而是希望協助妳在產前多探究自己的內心，理解餵母乳對妳的意義是什麼，可能是與嬰兒的親密連結、母親探索自己身體的體驗。而不論選擇哺乳的原因是什麼，都盼望那是妳出於自主的選擇，減少那幽微的、不得不的壓迫感，與有苦說不出的內疚情緒。

再來，也建議妳先盤點自己的資源，包含家人是否支持餵母乳？能否陪著妳一起探索母乳的知識？另外，產後要重返職

場的媽媽也別忘了評估一下職場對哺乳是否友善？哺集乳室是否合乎法規？

就算不餵母乳，也可以先理解

經過以上思考，如果妳在產前就決定不餵母乳，那絕對沒問題！因為母乳雖好，就像是媽媽一對一客製給寶寶的食物，但配方奶也很棒，像是提供均衡營養的餐廳，並不是毒藥。但選擇不餵的妳其實需要更多勇氣，得面對很多質疑，不論是產房、產後護理師、月子中心、衛生所的「關懷」電話，都可能出現一句：「妳為什麼不餵母乳？」讓妳在毫無防備的狀況下被刺了一下。當然也可能妳在看到寶寶的那一刻，內心有一絲動搖：「還是餵一下看看？」

因此，我會建議，就算決定不餵母乳，產前如有餘力，還是可以考慮多少吸收一些母乳的知識。而且，我還是要再囉唆一次，哺乳真的一點都不輕鬆，產前做好相關功課確實可以讓產後媽媽少走冤枉路，但即使做足準備，仍有「寶寶」這個不確定因素，不一定每個人都能像衛教單張所呈現的美好順利，按書本的 SOP 按部就班。但是，每一滴乳汁都是妳辛苦的成果，記得不用比較，也不需要將他人說三道四放在心上。

◆ 產前學會手擠奶比選擠乳器重要

剛懷孕時，孕婦的胸部受黃體素影響，會脹脹痛痛的很像

經前不適；懷孕 16 週時乳腺則會開始增生，產生刺痛感；有些人甚至 5 個月就會開始有一點透明狀的乳汁分泌，乳頭容易有分泌物，這時可適度清潔沒有問題。

而我會建議懷孕 37 週後，就可以和伴侶一起練習手擠奶。因為親餵雖然相對方便，但假使產後因醫療因素需要母嬰分離、寶寶不太願意吸時，手擠奶就顯得相當重要，尤其是初乳較為濃稠，一開始奶量不多或乳頭受傷時，擠乳器並不適用。

至於擠奶器產後有需要再挑選即可，一方面是這種產品根本不可能缺貨，二方面是，擠奶器用起來是否順手、接口大小和乳頭是否有合等因素，都要產後開始使用才會知道。有些媽媽產前預先選購昂貴的擠奶器，結果生完才發現乳頭漲大，當初買的尺寸根本不合，只好便宜賣掉；也有朋友說沒想到她親餵的很順利，根本沒用到擠奶器，最後直接送給同期的產婦。

所以說，產前學會手擠奶更重要！而且，擠奶器品牌完全不會影響奶量，也並不是越貴越新的擠奶器就能擠出更多的奶，合用且不痛對媽媽而言就是最好的擠奶器。

◆ 產後 6 小時內開始練習親餵

胸部不是水龍頭，生完就會源源不絕有奶水，因此產後 1-2 天大部分的人只有露水般的乳汁，甚至幾乎沒有奶，這些都非常正常。畢竟這時寶寶的胃也只有彈珠大小，需求並不大。

很多人因此會疑惑，既然這樣，為什麼會建議產後 6 小時內就得開始練習親餵、手擠奶呢？讓產後媽媽多休息不好嗎？

其實這時所做的一切是為了刺激乳房，喚醒泌乳激素，簡單說，是為了練習讓媽媽的胸部進入狀況，同時規律的排出乳汁，也能避免突然進入發奶期後，胸部太脹痛導致擠不下手或寶寶一吸就痛到不行的窘境。所以此時不需要擠到完全非常鬆軟，過度排空往往會導致乳房受傷，奶量多少也不重要。

大部分的產後媽媽在1週左右，奶量會慢慢變多，乳房也會變得比較重、發熱，甚至有點痛，這就是所謂的「發奶」。有些媽媽可能會感受到比生產還劇烈的脹奶疼痛，這時可以先冷敷，再輕柔地靠手擠奶、讓寶寶吸奶以排出乳汁，切勿因脹痛就大力推揉，反而會增加痛感，對親餵留下陰影。

有些奶水來得慢的產婦，會擔心補配方奶造成乳頭混淆，可是新生兒又已經結晶尿，該怎麼辦？其實補一點配方奶完全沒問題，重點是如果媽媽有親餵的意願，在瓶餵的同時，要持續讓寶寶在「肚子不餓」的狀態下練習吸吮胸部，就能有效降低乳頭混淆的機率。想一想，哪有寶寶餓到哭還願意心平氣和的吸奶呢？所以當然容易讓媽媽乳頭被咬傷，當妳又痛壓力又大，就更沒有奶水了。

◆ 母乳量不等於母愛，有就很棒

過了哺乳初期，接下來會進入媽媽和寶寶互相瞭解對方習性、配合對方需求的階段。供需平衡、不要過度消耗媽媽的營養和體力，我認為是持續哺乳的關鍵。

但大家一定會發現，網路充斥著如何追奶、怎樣發奶的

作法，相關發奶產品琳瑯滿目，社群也常會有人拍滿滿好幾瓶母奶的照片，呈現出奶量一定要非常多才能餵飽寶寶的刻板印象，也帶給媽媽許多比較的壓力，彷彿奶多就是愛多。

還是要再強調一次，不管妳選擇用什麼方式哺育孩子，最重要的還是無條件的愛與陪伴，食物真的不能代表愛。我也認為用「追」奶這個字有點不夠正向，媽媽可以將注意力放在自己主動提供寶寶多少母乳，而不是被動的去追寶寶的需求。

畢竟，有母乳就很棒！

另外，真的沒有什麼特定食物可以發奶。奶水要多的關鍵是媽媽心情放鬆，盡可能休息。其實這很好想像，乳汁和陰道分泌物一樣，都是體液，當妳緊張、疲勞、壓力大時，陰道會乾澀，乳汁的製造當然也會變少。所以只要哺乳媽媽喜歡、吃了會愉悅的食物，就是發奶聖品，有人就說她喝珍珠奶茶奶水會多，也有人喝了海鮮粥結果乳汁旺盛，還有很多媽媽表示聽笑話、看綜藝節目，心情一放鬆，奶陣就來了。

所以，坊間流傳的其他發奶食物請參考就好。包含近年來被神化的卵磷脂，頂多只能緩解因食物油膩造成的塞奶，有些媽媽表示在吃鹽酥雞、起士後吞幾顆，能避免塞奶，但卵磷脂和奶量一點關係都沒有，更不需要在產前就開始吃。

除了奶量，有些哺乳媽媽也會擔心寶寶喝的量，尤其親餵確實不知道寶寶喝了多少。但其實妳並不需要知道寶寶吃了多少！想想看，成長中的兒童若沒刻意控制飲食的需求，也不會算進食熱量，那新生兒為何需要呢？觀察寶寶活力、喝奶後有

沒有飽足的表情,是否一天換 5-6 次尿布、出生 3 個月內體重每個月增加 600 公克,這些個人化的指標都比「喝多少奶」來得精準可靠。也就是說,如果寶寶吃完奶都很滿足,哭有眼淚、尿布會濕,就算吃的奶量比書上少一點,那又何妨?總不可能硬逼他吃更多吧!

◆ 哺乳期的飲食,不影響母乳營養價值

我有時會看到,當嬰兒消化不良時,某些育兒專家在社群上引導哺乳媽媽吃健康飲食,「禁絕」一切零食、飲料、補品及中西藥物,甚至帶殼海鮮也要少吃,減少這些有礙腸胃的成分透過母乳影響寶寶的機會。雖然推廣健康飲食立意良善,但這樣的說法我並不認同。

因為,母乳的原料是血液中消化過的營養素透過乳腺製造而成,主要成分是水、脂肪和各種礦物質、維生素,環境裡大多數的有毒物質會被媽媽擋下來,不會進入乳汁。因此,並不是媽媽吃什麼,寶寶就直接吃什麼。即使媽媽吃得不夠豐盛,也不會影響到母乳的營養價值。過去就有研究顯示,即使是飢荒區域的媽媽產出的母乳,營養價值也不會特別差。所以就算寶寶的生長曲線處於後段班,也不該歸咎在母乳與媽媽身上,而且每個孩子都是獨一無二,各有自己的生長曲線,不可能長得一樣高、一樣重,只要沒有忽然偏離原有的曲線,父母真的不用過度擔心。

針對哺乳媽媽的飲食,國內外各大協會也僅建議,避開媽

媽自己本身會過敏的食物、咖啡一天不超過 5 杯。至於酒精因確實會進入乳汁，且代謝一份酒精（一小罐啤酒、一杯紅酒）需 2 小時，為避免酒精影響嬰兒，我會建議先將乳房排空再酌量攝取。

雖說這些知識和大方向不是什麼「新」科學，大家應該也耳熟能詳。但因為嬰兒的狀況本來就很多變，比如腸絞痛、新生兒皮膚炎、呼吸道感染的發生，也經常無法預期，找不到確切病因。因此大眾普遍延續著「舊」觀念認為凡事都是病從口入：嬰兒主食就是母奶，有問題一定是媽媽吃錯東西影響母奶。

只不過會影響健康的因素實在太多，包含基因、大環境等等，哺餵母乳雖然好處很多，但絕對不是影響寶寶健康的唯一因素。沒有確切證據就把責任全推給母乳，未免太偏頗。

產後的飲食當然要健康均衡營養，畢竟傷口修復、賀爾蒙轉變、體力耗損皆需要多元的營養素和充足的熱量，媽媽確實也要減少攝取對健康無益處的的零食、飲料。但最重要的是，這一切的調整都是為了讓自己的下半生更健康，而不是只為了別人！

至於餵母乳可不可以減肥？原則上沒有不可以。因為奶量多寡主要是受到體質、乳房排空次數影響，與媽媽總熱量攝取無關。不過產後即使沒有刻意減肥，製造熱量赤字，只要注意飲食健康均衡，媽媽體重通常都會自然下降，我反而建議這時要注意鐵質、鈣質、蛋白質的攝取，避免因營養素過度消耗增加產後落髮、骨質疏鬆的機率。

◆ 建立友善支持系統，做自己的母乳專家

由於母乳消化快，寶寶容易餓，所以哺乳媽媽常常 2-3 個小時就得餵一次，因此其他事情一定要家人協助。想想看，一個母乳媽媽若還得打掃家裡、煮飯洗衣，那她還有時間睡覺嗎？這也就是為何在產前與家人共同討論哺育方式非常重要，因為母乳雖然是母嬰的選擇，卻需要其他家人全力的支持。所以，產前除了理解母乳知識原理、練習手擠乳外，建立友善的支持系統也非常重要，例如信任的助產師、泌乳顧問、有經驗不逼人的好朋友，才不會在產後遇到自己解決不了的狀況時求助無門。

有些寶寶很會吸奶，媽媽稍微冷敷後，寶寶的嘴就是最厲害的吸奶器，幫助緩解症狀；但也有寶寶個性比較急，常弄傷媽媽乳頭，這時就要根據每個孩子的個性調整親餵時間。更遑論塞奶、乳頭破皮、乳腺炎等狀況，讓餵母乳的過程不總是一帆風順，畢竟我們從來不可能完全掌控自己的身體，又多了一個新生命的個體差異，有各種意料之外的狀況非常正常。這就是為什麼很多媽媽在母嬰互動磨合中，最終都會發展出一套屬於自己的哺乳心法，做自己的母乳專家。

提醒！假設有單側乳房疼痛不已、皮膚發紅、體溫高於 38 度、稍微按壓也無法變小的硬塊等症狀超過一天，就是乳腺炎的徵兆，請找專業醫師或泌乳顧問協助，必要時得服用抗生素、止痛藥。別擔心，這時擠出的母乳仍可給寶寶吃。

烏烏跟你說

新生兒紅屁股是因為母乳乳糖不耐嗎？

不是。母乳乳糖不奶是極為罕見的狀況，紅屁股（又稱尿布疹）的主要原因是尿布更換不夠多次導致的接觸性皮膚發炎。

由於母乳寶寶的大便比較稀，一天大便 8-10 次都很正常，這時如果不頻繁更換尿布，即使是標榜吸水力很好的尿布，一樣可能導致肌膚泡爛。再來就是擦拭大便時，務必輕柔，大家可以想像一下當我們感冒一直擤鼻涕時，人中也可能破皮、紅紅的，更何況寶寶的皮膚比成人稚嫩那麼多。

所以，溫柔地讓屁股保持乾燥是預防紅屁股的主要原則。

和母乳無關！和母乳無關！和母乳無關！

餵母奶可以吃藥或打疫苗嗎？

大多數的藥物，餵奶期間一樣可以服用，許多慢性疾病好比甲狀腺亢進、糖尿病、類固醇等藥物，更是不能因哺乳就自行停藥。西藥原則上只有化療藥物和部分抗生素的成分會影響新生兒發育，在哺乳期不能使用，而產後媽媽常需要使用的藥物，比如頭痛藥、軟便劑、痔瘡藥等，能滲透到母乳的量不多，

成分也不影響新生兒發育，都可安心使用。如果真的擔心，只要在開立處方時提醒醫師有在餵奶即可。

確診 Covid-19 後，我還可以餵母乳嗎？

可以。已經很多證據顯示母乳裡不含病毒，反而有能對抗病毒的抗體。因此確診新冠肺炎後當然可以餵母乳，只不過基於確診後的媽媽在住院期間得入住隔離病房，與嬰兒分離，所以只能選擇瓶餵。因此，我強烈建議疫情期間，打算餵母乳的孕婦一定要預先練習手擠奶，事前建立線上諮詢管道，以免不幸確診隔離後，得不到完整的母乳衛教資訊。

至於出院後，哺乳媽媽只要遵循接觸寶寶前洗手 20 秒、戴口罩等原則，即可正常親餵。解除自主健康管理後，則可脫口罩，畢竟除了乳汁，對嬰兒來說，母親的臉部表情也是重要的養分來源啊！

產後，多給身體和身形一點耐心

懷孕時有在規律運動的媽媽，在產後都會問：「明明都生完好幾個月了，為何核心還是很虛弱，是不是月子沒坐好，我還回得去嗎？」

而運動經驗不夠，不曾體會過核心發力感覺的媽媽，產後的變化則是：「我好像更容易腰痠背痛、姿勢歪斜、頻繁閃到腰。」

老話一句，產後這些核心身體狀況和媽媽沒時間運動休息、把自己需求擺在孩子後面的天性有關，給自己多一點關愛和照顧一定回得去。當然，和剛生完那個月吃了什麼、沒吃什麼，做了什麼、沒做什麼無關，也不是打了無痛分娩傷到腰椎或月子沒有躺好躺滿造成。

核心感受產前產後大不同

懷孕時，腹部就像皮球一樣，隨著胎兒長大，每天一點一滴的打氣撐大，甚至有孕婦和我戲稱，變大的子宮和寶寶是支撐媽媽重心的安全氣囊，很多熱愛深蹲、硬舉的孕婦還因此在

相對舒適的孕中期突破最佳紀錄！

　　但相對的，生產胎兒娩出的瞬間，肚皮就像被刺破的皮球瞬間洩氣，原本習慣的重心也跟著忽然消失。因此很多人就會發現，產後即使傷口都不痛了，但怎麼比起懷孕時更使不上力，整個腹部軟綿綿像一灘爛泥，找不到核心發力的感覺，原本可以做到的棒式完全撐不起來、重訓負重能力明顯下降。

　　而且，相對自然產來說，剖腹產會切開腹橫肌的筋膜，整個核心弱化的程度更嚴重，再加上表皮神經被切斷，肚皮常會覺得麻麻。但別過度擔心，等神經復原長好，這些感覺會慢慢消失，並不會持續一輩子。

　　以上這些產前產後的落差和不如預期，常讓媽媽們挫敗，或是自我懷疑月子沒坐「好」，但這些都是正常生理的變化，要完全找回核心，平均來說需要半年以上。若又遇上家庭後援不足、新生兒狀況多等情形，壓縮到媽媽自己運動恢復的時間，恢復期還可能拖得更長。

　　我會建議大家多給自己身體一些耐心，尚未掌控核心力量前，愛運動的媽媽回歸訓練別操之過急，可先調整姿勢讓脊椎盡量保持中立，避免孕期骨盆前傾的站姿，以腹式呼吸、靜態核心運動慢慢啟動核心，漸進式的增加重訓的重量。至於比較沒有運動習慣的媽媽們，產後復原雖然會稍慢，但大原則仍不變，循序漸進一樣可以在產後首次感受到核心有力的美妙。

妳其實不需要束腹帶、塑身衣

很多產後女性會因為核心的弱化或是又大又鬆垮的腹部，而想利用束腹帶、塑身衣，但其實這對於核心回歸和恢復身材並沒有幫助，反而會壓迫腹部，導致核心肌群無法自主出力拖慢恢復、阻礙呼吸和腸胃道消化、造成皮膚過敏，甚是還會因腹內壓增加致使剛生產完的媽媽漏尿。

只不過，即使無效，還會有弱化核心等副作用，很多媽媽仍趨之若鶩，我認為這不能光用一句女性玻璃心、腦波弱、錢好騙來解釋，而是背後有醫學、行銷、社會學、心理學盤根錯節的問題需要釐清。

首先，產後肚子變大的主因跟肥胖導致脂肪累積的情況不同，未必和孕期體重增加幅度有相關，而是因懷孕過程中變大的子宮會將兩條腹直肌撐開，造成腹部向兩側外擴，也就是所謂的「腹直肌分離」。因此很多產後媽媽會發現明明體重、四肢狀態都已經回到產前了，褲子卻還是穿不上去、小腹仍然凸凸像還沒生一樣，而加深大家認為非得用束腹帶、塑身衣綁肚子的迷思！

但其實，絕大部分的腹直肌分離在產後半年自然就會恢復，並不需要任何外力加持。這也是為什麼廠商會大力地宣稱要把握所謂產後瘦身黃金期（半年內）購買塑身衣、錯過身材就會回不去，因為即使不穿，產後半年身形的改變也會相當明

顯。當然，確實有少部分的腹直肌分離無法自然恢復，但這種也得藉由整外手術重新修補組織，單靠綑綁式產品一點功效也沒有。

另外，產後的肚皮會呈現一種鬆、垮、軟的狀態，但子宮收縮變小的速度又比肚皮回歸快上許多，因此很多人會覺得子宮在肚子裡晃來晃去，擔心子宮會下垂，造成器官位移，因此，才會讓人有種需要靠綁肚子、塑身衣來幫助收腹、幫助器官歸位的想法。但是不管是懷孕或產後，子宮都不會移位！當然不會有歸位的問題。如真有子宮下垂的狀況，原因也是支撐子宮的骨盆底肌鬆弛，要避免得藉由產前、孕中持續訓練骨盆底肌群，靠綁住肚子是沒有用的。

這裡特別澄清，剖腹產使用束腹帶，單純是為了固定傷口、避免拉扯產生疼痛，因此產後媽媽在吃飯、餵奶或睡眠時，只要動作偏靜態，不易扯到傷口，就可拆卸下束腹帶，不需要連續使用。

給產後身形恢復更多時間吧！

只不過就算知道塑身衣無效，當媽媽在鏡中看到自己改變的身形，心中就會浮現死馬當活馬醫、試試無妨頂多浪費錢的念頭。這時候如果外界又有推銷的聲音，很容易被動搖。

而且，產後身形變化每個人都不同，有些媽媽羊水偏少、胎兒小，產後不到 1 週就看不太出肚子；也有媽媽骨盆小、胎

兒大，肚子被撐的很大，就需要更長的時間恢復。廠商巧妙的利用此差異，請原本身形就較纖細、回復較快的藝人網紅代言，強化產品效用，但這些族群就算什麼都不用也回得去！

此外，各種行銷話術也與時俱進，從恐嚇羞辱「只有懶女人沒有醜女人，回不去就是妳不自律，小心先生變心」，進化到用女性自主包裝為「穿上○○更有自信，找回妳的少女曲線」、「愛上重生的自己」。媽媽在產後面臨睡不飽疲勞、情緒起伏大，擔心身材回不去的多重壓力下，真的很難理性思考。

我誠摯希望產婦本人跟旁人，都可以給產後的身體跟身形更多時間，畢竟整個孕期近乎 10 個月的變化，真的不是一時之間可以恢復原狀的！

伴侶可以這麼做！

　　當這些廣告對象延伸到男性，標榜太太懷孕犧牲那麼多，男人是不是該有點表示，使得社群間蔓延一股寵妻就是要買昂貴塑身衣給太太的氣氛。

　　你千萬別跟著嘲笑太太腦波弱，因為換作是誰陷入上述情景都很容易買單，更何況大眾媒體對產後婦女外型的嚴苛批判未曾少過，講得更直接一點，有時候你的一句無心之言，一個表情也成了幫產品推銷的共犯。

　　不過你也不用為此就花錢消災，可以適時地讓伴侶有自己的時間運動、放鬆，提醒她時刻關注自己的需求，打從心裡認定育兒也是自己的責任。伴侶合作無間，方能攜手度過人生劇變的過渡期，我想肯定會比消費高貴但卻無效的產品更有效更持久。

烏烏跟你說

既然產後核心不足，那可以提重物嗎？

除非特殊狀況復原不好，九成以上都可以。

不管是自然產還是剖腹產，只要傷口不痛、不覺得吃力，當然可以正常抱小孩，而日常生活中需要搬動的物品好比桌子、嬰兒推車也都沒問題。

很多人產後不敢提重是擔心傷口會裂開，但剖腹的傷口經過層層縫合，再加上產後肚皮比較鬆，傷口張力本來就很小，幾乎不可能因為肚子出力就裂開。而傷口癒合不良等狀況大多是因傷口感染，並非媽媽「亂」動造成。就我觀察，很多剖腹產的媽媽生完 1 週左右，傷口不太痛時，就能開始抱 2 歲左右的孩子。相反的，如果傷口發炎疼痛，癒合不良，當然就暫時不能抱小孩了。

有些人會發現當抱小孩或搬東西等活動量增加、腹部稍微用力時，會引發子宮收縮造成惡露變多。甚至也有人走動後發現肚子摸到突起球型物而緊張，但那其實就只是收縮後的子宮，這些都是正常現象，並不會對子宮造成傷害。

另外有些媽媽會被警告說產後拿重物，老了子宮會脫垂，這個說法並不正確。子宮會脫垂，是懷孕時變大的子宮，讓腹內壓力增加把骨盆底肌撐鬆造成，並非產後抱小孩、拿重物導致。要減少子宮下垂和漏尿狀況，最重要仍是在懷孕初期就開

始訓練骨盆底肌，也就是俗稱的凱格爾運動。

　　不過還是要提醒，產後半年內，媽媽的關節仍受鬆弛素影響，容易不穩定，再加上育兒生活睡眠不足，精神不集中，導致容易在搬提重物時閃到腰或腳踝。另外產後核心弱化，尤其是剖腹產又會切斷腹部筋膜，因此不管是日常活動，還是回歸健身房訓練，任何動作還是要放慢腳步，重量也不要超過自己所能負荷，避免因核心無力導致姿勢歪斜、漏尿。

　　總結來說，除非特殊狀況（癒合不良、產後傷口感染等），產後媽媽只要傷口不痛，抱小孩或是搬動日常起居物品絕對不會留下後遺症。只要不要過「重」，產後當然也可以提重物！

你一定要先認識的產後憂鬱

　　過去我總以為，只要專注產前照顧，減少產婦生產的痛苦，讓女性在生產時被好好對待，感受到自己的力量，就能有效預防產後低潮憂鬱。

　　直到有一次，有個很熟識的產婦，懷孕持續運動到生，生產過程極為順利，甚至在產台上還笑著和我說：「烏烏，謝謝妳的陪伴，讓我整個孕期都很順利，憂鬱低潮一定不會發生在我身上！」殊不知，產後的幾次回診，她原本發亮的眼神變得黯淡，開口講沒幾句話就眼眶泛淚。

　　不知所措的我，當下才發現很多事情和我自以為的不同，我的「售後服務」好像做得不好，也開啟了我關注產後情緒的一扇窗。

　　在大量閱讀、與產後媽媽訪談後，我漸漸能明白，在睡眠不足、賀爾蒙波動的狀態下，女性一方面要適應生理變化，二方要迎接「媽媽」這個新身份，即使懷孕生產超級順利，仍可能被負面情緒籠罩。

看見產後的各種情緒

　　初為人母真的不只有喜悅，還有各種令人疑惑、措手不及的情緒。

　　首先，母愛是一種注定要分離的愛，當胎兒變成新生兒，媽媽從我變成我們，這種劇烈的分離，讓很多產後媽媽特別容易感到孤單、疏離，尤其希望先生下班後能盡早回家或是月子中心陪伴。但一看到先生，有時又會突然一肚子氣，覺得同樣是生兒育女，為何獨獨只有自己身體改變如此大。

　　另一方面，很多媽媽在產後會變得極為注重個人隱私，不喜歡外人探視、碰觸小孩。這是因為新生命在上古時期遠比現代更脆弱，在野外的環境只要一個不留意就可能被野獸叼走，因此演化上，產後媽媽的警戒心會大提升，即使外人是出於好意想抱抱孩子，媽媽還是容易將碰自己孩子的人視為「敵人」，甚至衍生出厭惡感。所以寶寶在別人懷中大哭時，媽媽自然會心疼小孩，是不是餓了？會不會怕生？還是不熟悉他人的體味和抱法？相反的，若孩子到了別人手上就不哭了，媽媽又會自我否定，認定自己不夠格作為一個母親。

　　當然，也有一些媽媽完全沒有這類反應，很樂意將孩子交給別人照顧，這不表示她們很怪，因為生物本就有多樣性，一樣米養百樣人，這句老話當然也適合媽媽族群。

此外，產後這一段時間，常常是女性賀爾蒙波動最大、睡眠最少的階段。想像一下，假設妳已經因為經前症候群情緒低落了，還得熬夜工作，老闆又是一個妳有點陌生的小生命，一直哭、一直討奶，妳得不斷安撫、餵奶、換尿布。多重壓力之下，當然很可能為了瑣碎小事就抱著寶寶爆哭，甚至暴怒。也有人心牆築得快，內建的保護機制異常強大，產後變得極為漠然，好像情緒被抽乾，反應變得很慢，整個人被掏空，不愛笑、也不會哭。

很多媽媽表示，其實後來回想起來都是很細微的事情，也不懂自己當初為何會有如此多樣的情緒變化。而情緒爆發之後，有些女性還會浮現「我到底幹嘛生小孩」的念頭，後悔成為媽媽，但下一秒又瞬間感到內疚，認為自己怎麼可以有這種「邪惡」的想法。

我想說的是，後悔不代表你不愛孩子，這種矛盾又詭異的心情真的不是只有妳會出現！

自我覺察與貼身觀察比量表更重要

所幸大部分的媽媽在1個月內，這些負面情緒會慢慢消退，撥雲見日。但仍有少部分的人，情緒風暴會持續超過1個月，演變成產後憂鬱，如果我們沒有適時接住這些傷心的媽媽，給予協助，長遠可能會引發憂鬱症，嚴重一點要是某個環節沒盯住，也可能發生令人心碎的新聞事件。

　　因此我一直認為，對於產後媽媽而言，月子沒坐好的後遺症，才不是什麼頭痛、老得快，而是糾纏女性下半生的情緒黑洞。

　　要主動發現產後憂鬱，除了靠自我覺察外，我認為最重要的就是伴侶、家人、一線醫護人員的貼身觀察。比如說，產後媽媽是否在極度疲勞的狀態下仍無法入睡、不想進食？是否整天無精打采，沒笑容？有沒有反覆自我責怪，認為自己失去存在的意義，甚至否認自己的能力，認為自己不可能把新生兒照顧好？還是怪罪自己做錯事、吃錯東西母乳才會不夠？或甚至發現媽媽已經有傷害自己、傷害寶寶的衝動？這時候，請相信直覺，她很可能掉入產後憂鬱的黑洞了！

　　此時，心理諮商、精神科的專業介入非常重要。旁人千萬別因為不知所措，就隨意回一句：「妳就是想太多了！」、「小孩睡，妳怎麼不跟著快點睡？」、「那麼痛苦，就不要餵母乳啦！」、「我們明天就來找托嬰！」因為這些沒有探究產後女性情緒風暴原由就脫口的話語，常常就是壓垮媽媽的最後一根稻草。

　　至於大家耳熟能詳的愛丁堡產後憂鬱量表，雖然簡便，但我認為並非理想的工具。首先這張表通常是產後 1 週，媽媽剛入住月子中心就會領到，但那時根本不是憂鬱症最常出現的時間。再加上，表格並非本土設計而是從英文直翻而來，有點不夠口語。就曾有身為英文老師的產後媽媽和我表示：「嗯！

翻譯可以更好一點啦！產後已經很難專心了，看得實在有點痛苦，最後只好隨便勾一勾。」另外也有媽媽和我坦誠：「雖然每一項都中，但深怕分數太高會被過度關心，貼上壞媽媽的標籤，只好故意填低分。」

這些都會增加測量工具的偽陰性，也就是說憂鬱量表分數很低，不代表媽媽就不會發展成產後憂鬱症，仍需要旁人悉心觀察，畢竟人與人的互動，確認過的一眼神、一個擁抱，永遠無法取代打勾勾填表格。

為何有些產後媽媽會有產後憂鬱，有些卻不會，一直是一個謎題。醫學專家、心理學家、社會學者也分別以各自的專業提出許多解釋。例如：有些人受賀爾蒙波動影響較大，就像有些女性經前時情緒特別容易低落、暴怒；有些人的懷孕可能是非計畫與預期之內，她可能為曾經想人工流產而充滿愧疚；有的人乘載過許多備孕的焦慮；有的人則沒有自信能成為一個好母親，而身為一個女兒，她與媽媽、原生家庭的關係也會在產後被凸顯；甚至和伴侶的親密關係，也可能因為成為新手爸媽而再次被考驗。這些都可能是觸發產後憂鬱的原因。

而我們嘗試理解這些產後憂鬱的狀態，絕不是要幫媽媽分類貼標籤，而是盡可能提供協助，接住每個媽媽的情緒！

伴侶可以這麼做！

　　產後媽媽的情緒如此複雜，讓人難以參透，也因此我偶爾會聽到先生無奈的表示，生了一個孩子之後，太太彷彿換了一個人，變得無理取鬧、易怒、脆弱、依賴性強。常常不小心就誤踩雷，引發嚴重的爭吵，實在不知該怎麼辦。

　　我建議可把握以下三個原則：
　　一、先處理情緒。
　　情緒沒有對錯，別因為不知所措而急著否認情緒，當太太情緒崩潰時，簡單一句：「我知道妳現在很累，我們可以一起解決問題。」、「我知道妳現在心情起伏很大，那我現在可以做什麼？」都是蠻安全的回應。
　　二、解決自己能力範圍可以做到事情。
　　幫太太注意產後的隱私，例如擋掉不必要的訪客、解決吃不完的月子餐，也要一起處理迎接新生兒的瑣事，好比購買嬰兒床、佈置嬰兒房、報戶口等等。
　　三、能力範圍以外的事情，請尊重太太。
　　每個人都是獨立個體，產後恢復速度快慢，當然是身體的主人最清楚，別隨意拿其他產婦的狀況或是傳聞做比較，例如「○○○產後月子出關就瘦回來了！」、「妳剛生完可以這樣上下樓梯嗎？」、「產後亂動以後會不會老很快？」此外，還

是要強調，餵不餵母乳、怎麼餵母乳，是媽媽寶寶共同的決定，其他人少點意見多點支持即可。

　　不過，我也要幫先生們說點話，在懷孕的過程中，男性的身形雖然不會改變，但身份轉換卻來得又急又快，從兒子變成爸爸，瞬間得面對未知的經濟壓力、責任感，而實際政策並沒有足夠的陪產假，只得面臨工作、家庭蠟燭兩頭燒的窘境，以及想共同育兒又插不上手的困境。

　　再加上男性並不被鼓勵表達情緒，有苦說不出往往是常態，比如「又不是你生小孩，憂鬱什麼！」、「太太夠辛苦了，有資格抱怨嗎？」這些極為熟悉的話語，不用誰說出口，就已縈繞在許多情緒瀕臨潰堤的男性腦海中，無形中又堵住了他們想表達的嘴，也難怪近年來產後爸爸憂鬱的比例也越來越高。

　　因此，我認為在太太懷孕期間，先生更該多花點心力了解孕產、育兒相關知識，搞清楚後續會面臨什麼樣的狀況，切莫抱持的「到時候再說」、「太太決定就好」的心態。同時，也要留意自己的情緒變化，成為爸爸的同時，別忘了你還是太太的愛人，適時刷一下存在感，ok 的！

新手媽媽經驗不足、比較容易產後憂鬱？

統計數據直接否定了此假設，其實第二胎的媽媽發生產後憂鬱的比例竟略高於新手媽媽。這是因為每個寶寶都是獨立個體，即使是從同一個肚子出生，每個新生兒的氣質習性仍有極大差異，有些很會吸奶、有些半夜怎樣都不睡，因此即使對產後身心變化已稍有準備了，還是得適應一個獨一無二的新生命，成為一個嶄新媽媽。而且第二胎的媽媽也可能因為必須專注於照顧新生兒，對大寶心生內疚，倘若這時隊友不給力，反而比新手媽媽更容易衍伸出「我幹嘛自討苦吃」的自我懷疑。

一孕傻三年？真的嗎？

説實話，不管哪種性別，只要是長期睡眠不足，又得 24 小時擔心一個脆弱新生命，我想任誰都會「傻」到不知所措吧！跟懷孕一點關係都沒有！

睡眠不足確實會嚴重影響腦部認知功能，好比我值班隔日看門診，就常講了上一句話後，就忘記下一句要説什麼，也無法專心寫文章或讀書。只不過醫師值班還有工時上限，產後媽媽要應付半夜討奶喝、隨時可能有狀況的新生兒，根本沒有下

班的那一天。長期睡眠不足下，當然常常忘東忘西。而且，照顧新生命就像是輪第二份工作，就算嬰兒可睡過夜，還得擔心副食品吃得好不好、成長曲線有跟上嗎？萬一生病得跑醫院，更是蠟燭兩頭燒、心力交瘁。

因此，我認為產後的媽媽不是注意力變差，而是她需要注意的事情變多了，當然很難面面兼顧。因為人的心力本來就有限，哪可能無限上綱。就我觀察，等孩子漸漸長大，這樣的狀況就會變好，並非智商減退。

回過頭來說，我當然知道「一孕傻三年」這句話是玩笑話，但仔細想這不就是把女性產後遇到的各種困境簡化成「就是生完才變笨了」、「是妳個人能力不足」，也讓很多媽媽自信心因此被打擊，認為自己生完後就低人一等，其實我們要打擊的應該是不友善的育兒環境才對。

這麼累乾脆不要餵了！配方奶是產後低潮的解方？

　　這幾年社會上漸漸意識到哺育母乳會給媽媽極大的壓力，因此很多人會主張產後就直接退奶，減少一個負面情緒的來源。但就我觀察，媽媽壓力來源並非母乳，而是「母乳最好」的推動政策營造出「沒辦法餵母奶是妳不夠努力」的社會氛圍。

　　如果有完善的哺乳支持措施，母乳可以是臍帶切斷後，母嬰的重要連結之一，當產後媽媽努力和嬰兒磨合，積極練習親餵的同時，她也在建立媽媽這個新的身份認同，旁人任意叫她退奶、補配方奶，極可能被解讀成否定她當媽媽的資格。再次強調，該被檢討的是錯誤、不友善的政策，餵不餵母乳應該是媽媽寶寶兩人共同的決定，其他人給予支持即可。

下一胎？！身心因素都要考量

　　總會有媽媽在產後回診時表示，傷口才剛恢復，就有很多人以「趁現在趕快生一生，一次累完」為理由頻頻催生，雖然自己不排斥第二胎，但總覺得「一次累」的說法有點怪怪的，想問看看我的意見。

　　先開完笑分享我的「不專業」意見，小孩應該是一加一大於二吧！即使我不曾生育，沒有照顧小孩的經驗，但「一次累」的說法騙不到我啊！

　　回歸專業，考量到媽媽身體恢復，各醫學會皆建議兩胎之間至少間隔 1 年半比較理想，也就是說等大寶 1 歲半時再開始嘗試懷孕。大數據顯示，兩胎隔不到 1 年，會增加下一胎早產、胎兒體重不足、子癲前症及子宮破裂的風險。

　　這是因為，雖然一般狀況下，產後半年子宮和會陰部的傷口均會復原良好，但肌肉的恢復需要更長時間，兩胎間隔太短，媽媽懷孕各種不適一定會更明顯，比如骨盆底肌還沒從前次懷孕腹內壓增加造成的傷害復原，就又得再一次承受子宮變大的壓迫，漏尿與下墜感當然更早出現且更嚴重。而長時間哄抱嬰

兒造成的媽媽手，也可能還沒時間做好復健，又遇上孕期四肢的水腫，疼痛當然加倍。

而且，何時懷下一胎也不是端看媽媽身體恢復情形，還得將心理因素和大寶納入考量。因為隨年紀增長，若沒鍛鍊身體，第二胎通常疲憊感更強，媽媽又得在體力透支的狀況下挺著大肚子安撫大寶，不僅腰痠背痛比上一胎明顯，也容易因身體不適而不耐煩地責罵大寶，這種滿懷愧疚的情緒當然容易增加孕期低潮憂鬱的風險。

就有些媽媽和我說，如果能重來，她希望兩胎間隔至少 3 年，至少大寶有一定的語言對話能力，照顧起來相對輕鬆，臨時有事要拜託家人照顧，她也較放心。

兩胎間隔近，請把握這些重點

那麼萬一真得在一年內懷孕了該怎麼辦呢？雖說風險較高，只要多加留意，媽媽也不必過度擔心。例行性產檢外，可加做子癲前症篩檢追蹤子宮頸長度，早期發現早產、子癲前症。另外，若前一胎是剖腹生產，兩胎間隔距離又近，為避免在生產時子宮因強烈收縮而破裂，第二胎建議仍採用剖腹生產。

而懷第二胎期間，只要沒有陰道出血，子宮頸長度正常，仍可以繼續親餵，並不會增加早產風險。媽媽也無須刻意迴避和小孩同床，因為子宮遠比大家想得強大，胎兒在羊水腔可獲

得充分的保護，並不會因大寶討抱或遊戲時不慎碰撞就受傷。

不過，因為哺育母乳會消耗水份、熱量及營養素，因此懷孕期間又還一邊在哺乳的孕婦更要注意水分及熱量補充，吃得夠且吃得均衡，尤其是鐵、鈣、蛋白質的攝取，才不會導致貧血、落髮、免疫力下降。若想減輕孕期又得抱小孩產生的下背痛、漏尿。我也鼓勵媽媽在專業指導下持續從事肌力訓練，真的抽不出時間的話，至少要在懷孕初期就開始做凱格爾運動。

產後餵母乳、沒月經，還是可能懷孕

最重要的是，很多媽媽還沒打算生第二胎，卻被語意不清的衛教誤導，以為餵母奶、月經又沒來就不會懷孕，請記得，即使全親餵仍有懷孕的可能，千萬別靠餵母乳避孕！

大家都知道，卵子在成熟的過程中，會分泌賀爾蒙刺激子宮內膜增厚，成熟的卵子排出後若沒有受孕，內膜就會隨著血管一起剝落，產生經血，因此生理期都是先排卵才會有月經。所以，即使月經不規則，或者是月經還沒來，只要忽然排卵，就有受孕的可能。

哺乳之所以稍微有避孕的效果，是因為泌乳激素除了可促進乳汁分泌，還能抑制排卵，只不過體內泌乳激素濃度不穩定且抑制排卵的成功率並非百分之百，因此很多全母乳媽媽會發現產後幾個月，月經一樣規律報到，也有媽媽月經都還沒來，就又懷孕了。

　　所以，如果夫妻還沒有在生育計畫取得共識，在產後務必依舊正確避孕，可全程使用保險套或在產後 6 週放置子宮內避孕器。至於口服避孕藥，因含有性賀爾蒙，有可能影響乳汁分泌，因此不建議在哺乳期使用。

　　其實何時生下一胎，並沒有所謂標準時間表。因為除了醫學上的考量，每個家庭能提供的支援、伴侶配合度，以及個人職涯安排都該納入評估。上述專業意見只是參考，爸媽多探究內心，問問自己的身體、心裡是否準備好迎接下一胎，如果還沒準備好，那麼先照顧自己、伴侶和孩子才是最重要的。

烏烏跟你說

產後月經多久來才正常？

　　每個人都不同。一般來說奶量大、泌乳激素高的媽媽，卵巢排卵的功能沒有那麼快啟動，產後 2 年月經才來仍是正常。而隨著月經來潮，母乳量有可能稍微變少，但仍可繼續補餵母乳。

　　相反的，沒有哺餵母乳的媽媽，月經可能在產後剛滿月就來報到。很多人反應，產後頭幾次月經總量變多、週期變得不規則，這些都是正常現象，畢竟卵巢休息了 9 個月，要重新找回規律性本來就需要一段時間。

後記

　　謝謝你們讀到最後，我衷心期盼這些文字讓妳的孕期更快樂、自在、多元，更像妳自己一點，也期待妳能將書本裡的知識轉化成妳的信念，在這個身心俱變、身份轉換的時期，更安穩、更有力量的去回應外界的質疑。不管是喝冰水、重訓、性行為……，有一天妳會從「烏烏醫師說可以」內化成「我的身體說可以」，那時妳就能帥氣地將我的碎碎念拋諸腦後，把我封印在心裡。

　　在最後，我首先要感謝每一個樂意分享孕期珍貴身體經驗、為人父母心情轉折的人，你們的血淚與歡笑正是這本書的靈魂所在。也謝謝每一個批評質疑我的人，你們的犀利言詞讓我的行醫寫作生涯，有機會不斷精進、持續反思。

　　謝謝助理 Jade 無條件支持我，安撫我常暴衝的憤青性格。謝謝佳欣、淑婷協助整理我無止盡的意見與天馬行空的觀點，讓我能在混沌中淬鍊出骨幹清晰、有血有肉的文字。

　　還有和我合作無間的雅筑，我們雖然都無子，卻一起生了好幾個小孩了！可見沒打算生孩子的人也很適合看這本書啊！

　　如果喜歡《好孕，做自己》，那我邀請你們分享給那些正在猶豫要不要生育、擔心懷孕影響生活的人，也可以分享給不體貼孕婦的老闆主管、總愛對孕婦提出質疑的朋友、管很多的長輩、意見滿滿的隔壁鄰居，讓我們以這本書為起點，打造一個對孕婦、新手爸媽更友善的環境。

　　從本書出發，我想給予你們的陪伴還有更多，所以延續並拓展書裡的各種議題，開立了「烏烏陪你聊」podcast，從醫學角度分析時事、提供女性醫療新知，也不定期與二寶媽主持人宜蘭邀請新手爸媽分享備孕、流產、不孕、育兒的心情故事。

　　請記得「好孕，就是做自己」。

　　也請相信自己，成為父母的妳，永遠是那個最棒的妳！

高寶書版集團
gobooks.com.tw

HD 141
好孕，做自己
從懷孕到生產，烏烏醫師寫給你的快樂孕期指南

作　　者　烏烏醫師
主　　編　楊雅筑
封面設計　黃馨儀
內頁排版　賴姵均
企　　劃　何嘉雯

發 行 人　朱凱蕾
出　　版　英屬維京群島商高寶國際有限公司台灣分公司
　　　　　Global Group Holdings, Ltd.
地　　址　台北市內湖區洲子街88號3樓
網　　址　gobooks.com.tw
電　　話　（02）27992788
電　　郵　readers@gobooks.com.tw（讀者服務部）
傳　　真　出版部（02）27990909　行銷部（02）27993088
郵政劃撥　19394552
戶　　名　英屬維京群島商高寶國際有限公司台灣分公司
發　　行　英屬維京群島商高寶國際有限公司台灣分公司
初版日期　2022年07月

國家圖書館出版品預行編目（CIP）資料

好孕,做自己：從懷孕到生產,烏烏醫師寫給你的快樂孕期
指南 / 烏烏醫師著. -- 初版. -- 臺北市：英屬維京群島商
高寶國際有限公司臺灣分公司, 2022.07
　面；　公分. --（HD 141）

ISBN 978-986-506-480-8（平裝）

1.CST: 懷孕 2.CST: 分娩 3.CST: 產前照護

429.12　　　　　　　　　　　　　　　111010611

Magnesium 高單位鎂

你有這些
困擾嗎?

高單位鎂 解決以下問題

抽筋

緩解肌肉痠痛　預防腿部抽筋

臨床證實,高單位鎂(每日鎂離子300mg以上)持續補充4周,有86%受試者反映降低一半抽筋頻率,49%持續使用4周後不再抽筋。

便祕

有效緩解便秘　讓身體更輕盈

高單位鎂是孕婦常用之軟便劑,十分安全,而益生菌僅改善腸道環境,高單位鎂(鎂離子300mg以上)卻能提供更多的好處。

失眠

加快入眠速度　增加睡眠時間

臨床證實,高單位鎂(每日鎂離子300mg以上)持續補充4周能減少14.4%失眠嚴重指數,能加快入眠速度14%,並增加整體睡眠時間12%。

憂鬱

能增加血清素　改善憂鬱症狀

臨床證實,高單位鎂(每日鎂離子300mg以上)持續補充6周,能增加腦中血清素,分泌快樂物質,能降低憂鬱指數(PHQ9&GAD-7)。

HERMES ARZNEIMITTEL

德國上市20年 銷售第一 *1
【臨床效果確實】 *2

鎂溶易400
高單位 口腔崩散微粒

20入 建議售價：$649

▶ 德國藥局通路銷售 第一品牌

獨家配方 +鉀

鎂溶易365
高單位 氣泡飲錠

20入 建議售價：$699

鎂溶易			香蕉		益生菌
舒緩半夜不適	優	vs	平	vs	X
降壓幫助睡眠	優	vs	X	vs	X
協助排便順暢	優	vs	平	vs	平
幫助愉快心情	優	vs	平	vs	X
維持肌肉正常	優	vs	X	vs	X

HERMES針對孕婦族群的保健提案

崩散微粒 = **12** 條香蕉 鎂含量

氣泡飲 = **x 200**瓶 寶〇力 鎂含量

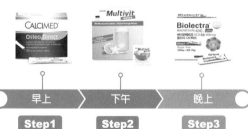

早上	下午	晚上
Step1	**Step2**	**Step3**
中餐飯後 一包鈣溶易 增加鈣吸收	下午 一顆B群+硒發泡錠 提神、增加保護力	晚飯後/睡前2小時 睡前1包鎂溶易400 或 一杯鎂溶易365氣泡飲

📝 私LINE小編 另有優惠

*1 2018年Biolectra全系列產品在德國鎂營養補充品的市占率為第一名。

*2 鎂溶易365氣泡飲錠經德國醫師及藥師使用，臨床效果確實。

LINE ID: @61shop